Dr. Ilona Bürgel

Willkommen digitale Welt

Die Kunst des Wohlbefindens in einer neuen Zeit

Positives Denken lernen

Warum Sie im Büro öfter mal barfuß laufen sollten?

7 Geheimtipps, wie Sie Ihr Wohlbefinden in der digitalen Welt sofort um 100 Prozent steigern finden Sie hier:
www.ilonabuergel.de/7-geheimtipps-negativen-digitalen-stress-abzubauen

Schreiben Sie mir bitte für Fragen, Anregungen und Erfahrungen direkt: ilonabuergel@ilonabuergel.de.

Dr. Ilona Bürgel: Willkommen digitale Welt.
Die Kunst des Wohlbefindens in einer neuen Zeit

Gestaltung: www.michaelzimmermann.com
Fotos Umschlag: www.susannlange.de
Icons: flaticon.com - Freepik (Cover), SimpleIcon (S. 84)
Druck: www.bookwire.de
Printed in Germany
ISBN: 978-3-9819188-7-8
ISBN E-Book: 978-3-9819188-8-5

Die Zitate stammen von Ilona Bürgel.

Inhalt

„Das bringt doch alles nichts." Seufzend lege ich die aktuelle Monatsstatistik meiner Webseite aus der Hand. 480 Besucher. Das sind genauso viele oder besser gesagt wenige, wie vor einem Jahr, als ich mit meiner Agentur die Googleoptimierung begonnen habe. Zwei geförderte Digitalisierungsberatungsprojekte und mehrere 1000 Euro später stehe ich scheinbar wieder dort, wo ich angefangen habe.

Ich arbeite Jahr für Jahr immer wieder an meiner Webseite. Einmal wurde sie gehackt und musste neu erstellt werden. Später mobiltauglich gestaltet werden. Suchbegriffe wurden optimiert, der Blog verbessert, um anschließend erneut die Suchbegriffe zu optimieren. Und das ist nur die Spitze des Eisberges. Denn parallel dazu landeten Fragen zu Archivierung, Marketing, Pressearbeit und nicht zu vergessen die Datenschutznovelle auf meinem Tisch. Jedes Mal stellen sich zwei Gedanken ein:

„Gleich ist es geschafft und ich kann mich wieder in Ruhe meiner Arbeit widmen".

„Es gibt jemanden, der genau weiß, wie all das digitale, was mich nicht interessiert, geht."

Sie ahnen bestimmt schon, wie die Realität aussieht: Die Ruhe hält nur wenige Wochen vor und schon gibt es ein neues Tool, ein neues Update, das verstanden und umgesetzt werden will. Mit jedem „ich will das nicht", „ich mag das nicht", „ich verstehe das nicht" stelle ich mir selbst ein Bein. Denn wenn wir Dinge – auch in der analogen Welt – tun, ohne zu mögen, was wir tun, werden wir nie so gut, effizient und korrekt arbeiten wie jemand, der mit Kopf und Herz dabei ist. Kein anderer kann uns unsere Arbeit komplett abnehmen, mitdenken müssen wir immer. Und ganz nebenbei bleibt bei dieser negativen Grundhaltung eines zuallererst auf der Strecke: unser Wohlbefinden.

Haben wir uns die Digitalisierung gewünscht? Nein. Schließlich kann man sich nicht wünschen, was man nicht kennt. Doch wir genießen ganz unreflektiert die Vorteile, vor allem im Privatleben. Programmieren die Waschmaschine vor, und das Fernseherlebnis auf großen Flachbildschirmen in Kinoqualität ist bereits selbstverständlich. Natürlich mindestens per Fernbedienung, wenn nicht gar via Haussteuerungs-App. Die Apotheke besorgt binnen Stunden unser Medikament, wir können immer und überall Theatertickets online buchen und der elektronische Assistent hilft uns, das Auto zu parken.

Was meinen wir überhaupt, wenn wir von Digitalisierung sprechen? Keiner weiß es genau zu definieren und doch haben wir erst einmal Vorbehalte. Oder tun uns schwer damit. Recherchiert man im Internet, so geht es um die Umwandlung analoger Daten in digitale. Das war der erste Schritt – zum Beispiel vom Stadtplan zur App. Doch richtig interessant wird es dann, wenn es um die Verknüpfung dieser Daten geht, sich das System etwa merkt, wonach wir zuletzt gesucht haben oder bei einem Stau die Umleitung selbst vorschlägt.

Viele von Ihnen wollen diese neue Zeit sinnvoll mitgestalten und haben mir dankenswerter Weise in Umfragen, Telefonaten und Gesprächen bei Veranstaltungen mit eigenen Beispielen berichtet, was Sie in Ihrem Alltag beschäftigt. Daraus und aus meinen Erfahrungen auf dem Weg vom kritischen Analogen zum immer offeneren Entdecker der digitalen Welt ist dieses Buch entstanden.

Was uns heute begegnet, ist keineswegs neu. Der deutsche Philosoph Walter Benjamin berichtet in seiner Arbeit „Der Saturnring oder etwas vom Eisenbahnbau" 1929 darüber, wie schwierig es Innovationen hatten, sich zu etablieren. Er erinnert an das Ende des 19. Jahrhunderts und den Beginn des Eisenbahnwesens.

Die Entdeckung eines neuen Materials, Gusseisen, erlaubte es fortschrittlichen Ingenieuren, Markthallen, Wintergärten, Passagen zu bauen, die es vorher nicht gab. Daraus entwickelte sich die eigentliche Innovation, nämlich Bahnhöfe und der Eisenbahnbau. Es entstanden jene Konstruktionen, die kein Vorbild in der Vergangenheit hatten und aus völlig neuen Bedürfnissen hervorgingen. Schritt für Schritt eroberte sich damals diese Technik „gegen Schwierigkeiten und Einwände, von denen wir uns heute nicht mehr leicht einen Begriff machen, neue Gebiete". Beispielsweise wurde behauptet, man könne niemals genug Eisen für das damals sehr überschaubare Schienennetz in England auftreiben.

Ähnlich war es mit dem elektrischen Licht, dem Auto, dem Flugzeug, dem Computer. Die einen haben alles dafür gegeben, bei diesen Entwicklungen dabei zu sein. Die anderen haben davor gewarnt und gebangt. Ebenfalls nicht neu ist, dass über die Zukunft verschiedener Berufe und Arbeitsplätze spekuliert wird. Natürlich gab es nach dem Umstieg vom Pferd auf das Auto bestimmte Berufe nicht mehr. Dafür sind neue hinzugekommen. Sich um etwas zu sorgen, das noch gar nicht eingetreten ist, wie der Wegfall des eigenen Arbeitsplatzes, ist kontraproduktiv. Vor allem deshalb, weil wir uns auf diese Weise heute schon die gute Laune mit etwas verderben, das vielleicht nie oder nicht so eintritt.

Anders als zum Beispiel beim Flugzeug gibt es in Sachen Digitalisierung kein Raushalten mehr. Sie ist längst in allen Lebensbereichen angekommen. Wir haben nicht die Wahl zwischen ja und nein, sondern nur, wie wir sie in unser Leben integrieren – und, ob wir uns gut dabei fühlen.

1

Die Macht der analogen Gewohnheit

Wie Sie aus hinderlichen alten
nützliche neue machen

»Es ist eine Entscheidung, sich in der digitalen Welt wohlzufühlen.«

Zehn Fehler, wie wir „Analogis“ der digitalen Welt begegnen

Ich habe länger darüber nachgedacht, wie ich uns Menschen, die wir mit der digitalen Welt hadern, bezeichne. Ich sage manchmal „etablierte Mitarbeiter“. Denn das Hadern mit der neuen Arbeitswelt ist weniger eine Generationsfrage als eine Einstellung. Die sich in etwa so anhört: „Das haben wir schon immer so gemacht“, „das gab es noch nie“, „das macht man nicht“, „das geht nicht, weil“ usw. Es ist, als seien wir niemals Kinder gewesen, die spielend und mit großen Augen über die Möglichkeiten dieser Welt gestaunt haben.

Je mehr wir an einmal gesammelten Erfahrungen hängen, je schwerer es uns fällt, etwas zu testen, es einmal darauf ankommen zu lassen, neugierig zu sein und Ungewohntes zu probieren, desto schwerer wird es uns generell fallen, Neues zu mögen und uns darauf einzulassen. Egal, ob beruflich oder privat.

Ich verwende den Begriff 40+ für uns, die wir in der analogen Welt groß geworden sind und uns dort zu Hause gefühlt haben. In der wir Grundsätze, Denkmuster gelernt haben, die uns ein freudebetontes digitales Leben schwerer machen. Einmal erkannt, können wir das ändern. Denn: Es kostet viel zu viel Kraft und Zeit, sich über ständige technische Veränderungen aufzuregen oder zu sorgen, die wir nicht ändern können: eine neue Abrechnungssoftware, das neue Kundenportal, das digitale Telefonsystem, neue gesetzliche Grundlagen, scheinbar sinnlose zusätzliche Aktivitäten im Zuge ihrer Implementierung …

»Dabei zu sein ist gut, sich dabei wohlzufühlen noch besser.«

Fehler 1: Wir wollen eine neue Welt mit alten Methoden meistern

Ein Beispiel ist das lineare Denken. Wir sind es gewöhnt, dass, wenn wir A tun, B herauskommt und auf diese Weise Ergebnisse zu beeinflussen. Dies funktioniert in einer Welt vernetzter Dinge, die selbst lernen und sich rasant verändern, nicht mehr. Wir dürfen uns daran gewöhnen, dass wir nicht alles kontrollieren können. Wir konnten es auch vorher nur scheinbar, doch die Illusion hat uns in Sicherheit gewiegt.

Ich habe viel Geld in mein Marketing gesteckt, um Reichweite bei Facebook zu erzielen, auf guten Presseplattformen Mitteilungen zu veröffentlichen oder bei Kongressen Anzeigen zu schalten. Ich widme der Pflege meiner Kontakte in den Social Media Zeit. Ich poste regelmäßig Wissenswertes und Unterhaltsames. Werte ich später die Statistiken aus, stehen Aufwand und Nutzen in keinem zufriedenstellenden Verhältnis.

Wenn ich genauer hinsehe, habe ich mich den Social Media vorwiegend deshalb in dieser Intensität gewidmet, weil es mir Agenturen nahegelegt hatten. Habe ich mich dabei wohl gefühlt? Wenig. Ich ändere also meine Richtung und konzentriere mich auf das, was mir Freude bringt. Außerdem erkenne ich, dass der Zufall bei Onlinemedien eine viel zu große Rolle spielt, als dass Aktivitäten von jenem Erfolg gekrönt wären, den ich mir wünsche. Deshalb auch hier die Schlussfolgerung, meine Freude am Tun . Viel Geld, viel Zeit und im Ergebnis wenig Freude, wenig Erfolg sind eine denkbar schlechte Kombination. Freude macht mich emotional unabhängiger vom Ergebnis.

Fehler 2: Wir organisieren uns nicht anders

Wir sind gute Fachleute, erfolgreicher Architektin, Assistentin, Sicherheitsingenieur, Lehrer, oder wie ich: Psychologin. Wir haben viel Fachwissen erworben. Kaum gelernt haben wir Organisationstechniken. Wurden von Kollegen zwar eingewiesen, wie man ein Bestellbuch führt oder den Tag plant. So lange die Arbeitsaufgaben in Menge und Parallelität überschaubar waren, funktionierte das. Heute passt es nicht mehr. Der Arbeitsanfall ist immer zu groß, immer zu schnell, immer unübersichtlich. Wir müssten unsere Erfolgsprinzipien dahingehend ändern, dass z. B. ein Tag erfolgreich war, wenn wir nicht alle E-Mails, sondern die wichtigsten beantwortet haben.

Reflektionsmöglichkeit

Laut Statistik erhalten täglich 3,7 Milliarden Menschen 269 Milliarden Emails. Das wären knapp 73 pro Person. Wie entscheiden Sie: Hetzen Sie der Abarbeitung der Mails hinterher oder blenden Sie diese komplett aus, um sich konzentriert Ihren Aufgaben zu widmen? Beides führt zu einem schlechten Gewissen, weil immer etwas auf der Strecke bleibt.

Ihre Lösungen:

Meine Ideen:

Da es Ihnen wie Ihren Kollegen geht, brauchen Sie Spielregeln. Zum Beispiel, welche Reaktionszeit realistisch ist, oder wann jemand in cc gesetzt wird – was oft nur der eigenen Absicherung dient, unnötig Arbeit macht – Ihnen und dem Empfänger

Beobachten Sie einmal, wie oft Sie einfach nur ins Nachbarzimmer gehen müssten, um eine Frage zu stellen, anstatt eine Mail zu schreiben – oft aus übertriebenem Dokumentationsbedürfnis heraus.

Definieren Sie eigene Spielregeln. Zum Beispiel, früh nie als erstes und abends nie als letztes die Mails zu öffnen. Sonst sind Sie sofort fremdbestimmt und vergessen Ihre Prioritäten.

Fehler 3: Wir fiebern dem digitalen „Fertig" entgegen

Ebenfalls aus der alten Denk- und Arbeitswelt stammt die Illusion, dass wir einmal etwas lernen und das erworbene Wissen reiche dann für immer. Bei unseren Großeltern galt das tatsächlich oft für das ganze Arbeitsleben. Bei den Eltern waren schon Qualifizierung und Weiterbildung angesagt.

Und heute? Haben wir es „geschafft", wenn die neuen Facebook Regeln oder das neue Datenerfassungsprogramm begriffen sind? Nein. Denn: Die permanente Weiterentwicklung ist fundamentaler Bestandteil der Digitalisierung. Jedem Update folgt ein weiteres, jeder innovativen Funktionalität der Social Media, Intranets, Clouds eine bessere. Erwarten wir kein Ende, sondern die nächste neue Version, dann regt es uns auch nicht mehr auf.

»Unser Wohlbefinden erreichen wir umso leichter, je weniger Bedingungen daran geknüpft sind.«

Fehler 4: Wir trennen „eigentliche“ von digitalen Aufgaben

Für „Analogis“ 40+ wie mich ist Technik, Software etc. ein Werkzeug zur Erfüllung der eigentlichen Arbeit. Ich kann mich noch gut erinnern, dass es während meiner Diplomphase in meinem Bereich der Universität einen Rechner gab, für den man sich auf einer Warteliste angemeldet hat. Ich kenne noch Bibliotheken mit Karteikartensystem.

Es war eine große Erleichterung, die Bücher im Computer bestellen und zum Beispiel sofort prüfen zu können, ob sie verfügbar sind. Die eigentliche Arbeit jedoch war das Lesen und Schreiben (auf einer Schreibmaschine!). Heute beschränkt sie sich nicht mehr nur auf Lesen und Schreiben, sondern es gehört dazu, die eigenen Informationen allen zugänglich zu machen, online zu diskutieren und dafür digital fit zu sein. Arbeitsinhalt und digitales Werkzeug sind kaum noch zu trennen.

Ein Unternehmen in der Pharmabranche berichtete mir, dass eine neue digitale Software ausgerollt wurde in dem Wissen, das nicht alles funktioniert, wie es soll. Manchmal geht das nicht anders, auch wenn die Geschäftsführung es sich anders gewünscht hätte. Im Ergebnis wurde die „normale“ Arbeit vieler Kollegen stark behindert. Die Lösung lag in einer Abteilung, die besonders viel Freude an technischen Fragen hatte und nicht nur zum Vorreiter in der Anwendung wurde. Sondern auch den anderen Abteilungen als gutes Beispiel, dass es machbar ist, und für praktische Hilfe zur Verfügung stand. So dauerte die Implementierung länger als erwartet, wurde aber parallel zu den Fachaufgaben in den normalen Alltag integriert.

Fehler 5: Wir wollen unsere Aufgaben allein lösen

Auch das war früher einmal machbar, ja normal. Doch die Komplexität der Informationen, deren schnelle Veränderung und wechselseitige Beeinflussung machen ein gemeinsames Verstehen und Agieren aller Beteiligten – Experten und Anwender – notwendig.

Raus aus dem Stress

Ein Einzelner kann nicht mehr alles wissen, an alles denken, alle Entwicklungen verfolgen. Dies ist kein Zeichen von Schwäche oder Wissenslücken. Vielmehr potenziert sich das Wissen der Einzelnen zu einem großen agilen Ganzen. Ein angenehmer Nebeneffekt, der der Vereinzelungsbefürchtung im Rahmen der Digitalisierung entgegensteht: Bei Kooperation tun uns Menschen und soziale Kontakte sehr gut. Und wenn es uns gut geht, handeln und denken wir besser.

Ich habe für ein großes Onlinemagazin eine Kolumne über die Fußball-WM geschrieben. Von Fußball habe ich wenig Ahnung, hatte mir deshalb Hilfe im Freundeskreis geholt. Mich interessierte das Phänomen, dass seit 1962 keine Mannschaft den Titel verteidigt hat. Nachdem ich den Beitrag angeboten hatte, erhielt ich von der Redakteurin, die sich ebenfalls im Haus beraten hatte, eine lange Mail mit Änderungsvorschlägen. Meine erste Reaktion war ungefähr so: "wenn Euch mein toller Artikel nicht gefällt, dann lassen wir es eben". Nach etwas Durchatmen konnte ich die Hilfe dankbar annehmen und sehen, wie viel besser der Artikel nach den gemeinsamen Überlegungen war.

Fehler 6: Wir wollen alles sofort beherrschen

Wie gehen Sie damit um, wenn Sie etwas nicht verstehen, das Sie verstehen wollen oder müssen? Wir wünschen uns, die Dinge zu begreifen. Möglichst rasch und ohne Aufwand. Keine Zeit zu haben, ist generell an der Tagesordnung. Bei digitalen Themen erwarten wir dies auch. Der Tempoanspruch wird bei ihnen geradezu potenziert. Als wäre die Geschwindigkeit der neuen Medien auf unser Verstehen zu übertragen.

Jemand prägte mal den Spruch: „Ungeduld ist die Zwillingsschwester der Digitalisierung". Auch dann, wenn wir gar nicht mit ihr großgeworden sind. Denn die Digitalisierung ist gerade einmal ca. 20 Jahr jung, Das erste intelligente Mobiltelefon stellte Apple 2007 vor.

Wenn meine IT-Firma mir eine Datenumstellung oder meine Webseitenbetreiber mir eine neue Funktion erklären, verstehe ich oft nicht einmal die benutzten Worte. Das macht mich hilflos und aggressiv. Völlig zu Unrecht. Woher soll ich das alles wissen? Ich habe die falschen Ansprüche an mich und die digitale Welt. Die neue Technik lädt zum Entdecken, Ausprobieren und Kennenlernen ein anstatt zum Auf-einmal-alles-wissen.

Ich habe gute Erfahrungen damit gesammelt, mir bei größeren Projekten einen „Übersetzer" zu holen. Jemanden, der über Fachwissen auf meinem Gebiet plus technischem Verständnis verfügt. So verringern sich die Reibungsverluste aufgrund von Verständnisschwierigkeiten und Kenntnisunterschieden zwischen Fach- und technischem Experten.

»Geduld ist die Zwillingsschwester des Wohlbefindens.«

Fehler 7: Wir haben Angst vor Bewertungen

In der analogen Welt gab es, wenn überhaupt, ein Mitarbeiter-Jahresgespräch, und wenn man ein Unternehmen verließ, ein Zeugnis. Heute kann jeder immer und überall öffentlich nachzulesen seine Meinung über uns äußern. Leider existiert im Internet der Trend, mehr zu kritisieren als zu loben. Dies gehört zu einem Mechanismus unseres Gehirns, sich bevorzugt mit Problemen und Gefahren zu befassen. Wir nehmen sie nicht nur bevorzugt wahr, sondern erinnern sie besser und wiederholen sie gedanklich und in der Kommunikation.

Online kann dies zudem anonym, versteckt hinter Kunstnamen, geschehen. Ich weiß, wovon ich spreche. Ich habe vor einigen Jahren für die Zusammenarbeit mit einem Kollegen einen geplanten Buchtitel in seinem Forum getestet und das geerntet, was wir heute „Shitstorm" nennen. Da kritisierte nicht eine konkrete Person einen konkreten Buchtitel, sondern „bärchen27" griff mich persönlich an.

Nichtsdestotrotz gilt es zu verstehen, dass dies die andere Seite einer nützlichen Medaille ist: Wir erhalten schnell und unkompliziert Orientierung für bessere Entscheidungen. Bewertungen helfen, eigene Irrtümer zu erkennen und zu beheben. Es ist eine Frage der Betrachtung: Fühle ich mich im Kreuzfeuer der Kritik oder sehe ich die Chance für Verbesserungen. Damals wurde ich davor bewahrt, einen Flop auf dem Buchmarkt zu landen.

Fehler 8: Wir haben Angst vor Fehlern

Haben Sie sich in letzter Zeit einmal beworben? Vielleicht haben Sie den Link zu einem Computerspiel geschickt bekommen, das Teil der Bewerbung ist. Mit ihm soll Ihr Profil erstellt werden. Horrorvorstellung oder angenehmer Nervenkitzel?

Hier setzen unsere analoge Befürchtungen ein. Wir kennen aus unserer Geschichte meist die Bewertung in richtig oder falsch. Daher rührt die Sorge, bei einem Fehler nicht für eine Position in Frage zu kommen. Weil man eben bei Mathefehlern durch die Prüfung fällt.

Heute geht es eher um die Passgenauigkeit von Menschen zu Positionen und umgekehrt. Deshalb gibt es bei diesen Personalrekrutierungsspielen keine an sich richtigen oder falschen Reaktionen. Sondern zu einer bestimmten Position passende. Die Tools wurden „gefüttert" mit Informationen von Menschen, die einen bestimmten Job gut erledigen. Damit wird verglichen. Diese Daten sind auch das Bezugssystem, wenn Stimme, Mimik und Gestik ausgewertet werden. Auch hier geht es nicht um richtig oder falsch, generell nett oder nicht, sondern für diesen Job passend oder nicht.

Hinzu kommt, dass diese Programme nicht wissen, welches Geschlecht oder Alter Sie haben und Sie nicht sympathisch finden müssen. Mehr Fairness bei der Bewerbung bringt dies in jedem Fall. Zeitersparnis für den Arbeitgeber auch, der sich nicht mehr durch alle Bewerbungen kämpfen muss.

Nach den neuen Datenschutzrichtlinien dürfen Menschen keine Nachteile dadurch entstehen, dass sie digital analysiert wurden. Wie dies umzusetzen sein wird, bleibt spannend. Am Ende wird auch in naher Zukunft ein Gespräch zwischen zwei Menschen vor der Endentscheidung stehen.

Fehler ziehen meist Kritik nach sich. Und die scheint immer unangenehm zu sein. Ist sie jedoch keineswegs. Sofern wir lernen, Person und Sache zu trennen. Und gerade die Dinge einfach zu tun, vor denen wir Angst haben. Zum Beispiel kurzentschlossen eine Entscheidung zu treffen, auch wenn es nur eine gute anstatt die beste wird.

Das Ignorieren, Unterdrücken oder Vermeiden unangenehmer Dinge im Leben führt nur dazu, dass es immer schwerer wird, sich ihnen zu stellen. Bedenken Sie, dass große Probleme irgendwann einmal klein waren.

Reflexionsmöglichkeit

Sie sind für Ihre Arbeit während einer Telefonkonferenz der Abteilungsleiter ungerechtfertigt kritisiert worden. Ihr Chef hat Ihnen nicht einmal Gelegenheit gegeben, zu erklären, was gelaufen ist. Sie sind gekränkt und enttäuscht.

Ihre Lösungen:

Meine Ideen:

Sie gehen draußen einige Schritte oder laufen Treppen. Bewegung baut Stress ab.

Sie fragen einen Kollegen nach einer neutralen Perspektive.

Sie tun etwas Angenehmes, um sich abzulenken und Ihr Wohlbefinden wieder herzustellen.

Sie überlegen einige Tage später und in Ruhe, ob Sie darauf zurückkommen sollten.

Fehler 9: Wir konzentrieren uns auf das Negative

Mir macht es besonders zu schaffen, wenn ich etwas nicht verstehe, nicht nachvollziehen kann. Zum Beispiel, warum sich Funktionalitäten auf meinem Rechner nach Updates plötzlich ändern oder meine Mailadressen nach einer Serverumstellung komplett verschwunden sind. Natürlich hat das etwas mit mir zu tun, weil ich mir nicht genug Zeit für die Vorbereitung digitaler Themen nehme. Ich fühle mich durch all die technischen Dinge, über die ich heute nachdenken muss, in meiner Arbeit behindert. Und doch: Wenn ich dagegen ankämpfe, mich aufrege, verunsichert, empört und im Ergebnis erschöpft bin, schade ich nur mir selbst. Mein Gehirn gerät in einen schlechten Zustand und trifft keine guten Entscheidungen.

Manchmal scheinen uns die Gedanken im Griff zu haben, aber nur, wenn wir es ihnen erlauben. Nutzen wir insbesondere dann unsere geistige Disziplin und bestimmen, was wir wie oft und wie lange denken. Hilfreich ist auch, sich fern von schlechten Nachrichten, Klatsch und Spekulationen zu halten oder dies zu limitieren. Stoppen Sie Grübeln und Ärgern, indem Sie sich dafür z. B. ein Zeitlimit setzen.

Stellen wir uns dem, was wir nicht mögen. Sich ein neues Thema erschlossen zu haben, bringt Freude.

Handeln wir, statt zu grübeln. Es ist eine Sache, sich über den Verlust der Privatsphäre in der digitalen Welt Sorgen zu machen. Besser wäre, zu handeln und sich zum Beispiel auf sicherere Explorer oder geschützte Datenübertragung zu konzentrieren.

»Das Leben wäre ein Wunschkonzert, wenn wir öfter unser Lieblingslied bestellen.«

Reflexionsmöglichkeit
Die neue Software ist nach langen Anläufen und Testphasen in Ihrer Verwaltung eingeführt. Sie haben es ja gewusst: Nichts läuft, wie es soll. Sie sind mit Ihrer täglichen Arbeit langsamer als zuvor, einige Funktionen fehlen ganz und die Hotline für den Support ist völlig überlastet. Gerade heute hat sich Ihre Formularseite wieder aufgehangen und nichts geht mehr. Die Bürger beschweren sich – aus ihrer Sicht – völlig zu Recht.

Ihre Lösungen:

Meine Ideen:
Sie ärgern sich nur kurz. Ehe Sie weiterarbeiten, trinken Sie erst einmal ein Glas Wasser.

Sie ärgern sich nur kurz. Es ist ja nicht mehr zu ändern. Schade um Ihre Gedanken. Sie erinnern sich, dass die vorhergehende Software anfangs auch Probleme gemacht hat.

Sie nehmen sich Zeit für ein Gedankenspiel: Welche fünf Vorteile hat die neue Software? Alles ist relativ.

Sie fragen befreundete Kollegen, wie sie die fehlenden Funktionen ausgleichen.

Fehler 10: Wir kreieren gedanklich Mangel

Das Denken, nicht genug von etwas zu haben, etwa Zeit oder Hilfe, führt mental zu dem, was wir negativen Stress nennen. Dieser dazu, dass wir noch mehr Mangelgefühl erleben.

Das Gehirn fokussiert sich auf Probleme, nicht auf Genuss. Weil wir Teil der Natur sind und es für unser Gehirn noch immer zuerst um das Überleben geht. Gefahren muss es sich also besser merken und schneller darauf reagieren als auf Freude.

Unsere Wahrnehmung konzentriert sich auf all das, was zu unseren Annahmen passt, alles andere filtern wir gnadenlos heraus. Was wir im Ergebnis sehen, ist ein Mini-Ausschnitt, den wir Realität nennen anstatt „meine Realität".

Haben wir uns zum Beispiel einmal darauf eingeschossen, dass unser Intranet stresst und nervt, wird das auch so sein, weil wir nur diese Aspekte wahrnehmen. Dieses Phänomen geht so weit, dass wir uns mit Menschen umgeben und solche als „Ratgeber" suchen, die uns in unserer Abneigung, etwa gegen Digitales, bestärken.

Der durch Stress verengte Blick beim Mangelgefühl führt dazu, dass wir einen kleineren Entscheidungsspielraum nutzen, alte Muster wiederholen, auch wenn sie sich nicht bewährt haben.

»Gutes kommt von Gutem. Bringt das, was ich denke und tue, etwas Gutes?«

Die Art des Umgangs mit Emotionen entscheidet über unser Verhalten und Befinden. Denn beide, positive und negative Gefühle, haben ihre Berechtigung. Leider haben die negativen Emotionen nicht nur einen schlechten Einfluss auf unseren Körper, indem sie zum Beispiel die Arbeit des Immunsystems behindern und Entzündungen fördern, Heilungsprozesse verlangsamen oder dem Herzen schaden. Es resultieren auch mentale Konsequenzen daraus: Wir wiederholen das Problem innerlich immer wieder, bis es größer erscheint, als es in der Realität je war.

Raus aus dem Stress

Der Gegenspieler zum Mangelstress ist die Positivität, sind positive Emotionen. Sie erweitern die Perspektive und öffnen uns für andere Menschen und neue Situationen. Im Unterschied zu negativen Emotionen vergehen positive schnell. Doch je häufiger wir unseren Fokus darauf richten, umso einfacher wird es, sie zu erleben. Positivität wird heute als positive Resonanz verstanden. Das Beste daran: Wir müssen sie nicht lernen, sie ist bereits da. Zum Beispiel lächeln wir gern mit anderen gemeinsam, haben Mitgefühl oder drücken in einer Umarmung Nähe aus. Besonders in scheinbaren Mangelsituationen können wir damit einen Ausgleich selbst herbeiführen.

Auch Zeitmangel ist hausgemacht. Immer wieder glauben wir, wir hätten nicht genug Zeit, um all das zu tun, was wir tun wollen. Dort liegt eine Stellschraube für unser Wohlbefinden. Wir packen immer mehr in unseren Tag, und zwar nicht nur bei der Arbeit, sondern auch im Privatleben.

Wir wollen überall dabei sein, nichts verpassen, dazugehören. Deshalb ist es so schwer, nein zu sagen und sich zu beschränken. Hinzu kommt, dass wir viele Dinge unaufmerksam, routiniert, nebenbei tun. Dadurch konzentrieren wir uns nicht darauf, sind ungenau, machen Fehler oder wählen nicht klug und müssen dies später ausbügeln, was wiederum Zeit kostet.

Im Laufe meiner eigenen digitalen Beratungsprojekte habe ich immer wieder gedacht, keine Zeit zu haben, um mich mit Software zu befassen. Auf YouTube Filme selbst einstellen, den Beratungsbericht online interaktiv bearbeiten, Fotos selbst gestalten...kann ich nicht und habe auch keine Zeit dafür. Also macht es jemand anderes für mich. Scheinbar bin ich die Themen damit los. Doch nur scheinbar: Statt zu üben, wie man den Bericht online bearbeitet, tippe ich ihn ab und ärgere mich. Statt mir zeigen zu lassen, wie Filme auf YouTube eingestellt werden, gebe ich kostbares Geld dafür aus – dafür könnte ich in den Urlaub fahren. Am liebsten mache ich übrigens Wellnessurlaub. Am Ende steht immer Frustration. Gern schiebe ich die Schuld dafür den anderen zu, der neuen digitalen Welt, den Beratern, die mich drängen, digitale Formate zu bedienen... Doch, unter uns gesagt, es ist meine eigene falsche Entscheidung: Mich zu verstecken und zu jammern statt mich mit den nötigen Dingen sofort zu befassen, sie verstehen zu lernen, Zeit und Geld zu sparen.

Reflexionsmöglichkeit
Ihr Handy macht, was es will und hängt in einem Update fest, so dass Sie nicht arbeiten können und warten müssen, bis es wieder funktioniert. Natürlich haben Sie vor lauter Ungeduld zu viel auf einmal getippt, so dass Sie sich am meisten über sich ärgern. Sie hätten es besser wissen können.

Ihre Lösung:

Meine Ideen:
Sie ärgern sich über die Technik. Aber nur kurz. Es wäre sonst schade um Ihre gute Laune.

Es ist, wie es ist. Sie konzentrieren Sie sich erst einmal auf etwas anderes und warten ab.

Sie machen eine Pause. Bewegen sich ein bisschen und lassen den Ärger auf der Treppe im Bürohaus. Dann können Sie wieder besser darüber nachdenken, was zu tun ist.

Sie können über sich lachen, weil Sie so eine Kleinigkeit so groß aufregen kann. Wenn das jemand vom Mars sähe, würde er sich wundern. Lachen baut Stress ab. Dann geht es in Ruhe weiter.

2

Wer hat hier wen im Griff?

Beherrschen Sie die digitalen Medien –
oder werden Sie beherrscht?

»Die Dinge sind, wie sie sind, weil wir sind, wie wir sind.«

Ich komme am Bahnhof an und warte auf meinen Zug. Um in Ruhe zu reisen, bin ich gern einige Minuten früher da. In Ruhe? Kaum sagt mir die Anzeige auf dem Bahnsteig, dass ich richtig bin, tue ich was? Ich greife nach meinem Handy. Reflektiere ich die Motive, sind sie logisch und üblich: Produktiv sein zu wollen und die Zeit effizient zu nutzen. Oder auch – und hier stutze ich: Zeit zu überbrücken, um nicht zu sagen, totzuschlagen, meine Ungeduld spürend.

Aber: Wenn ich jetzt „mal schnell" E-Mails lese und „wegarbeite" – wie sinnvoll ist das? Meine Aufmerksamkeit ist doch auf die Ankunft des Zuges gerichtet und nicht darauf, was ich lese und schreibe. Auf diese Weise hätte ich beinahe einen Termin übersehen, den meine Assistentin mir geschickt hatte. Weil ich nicht genau gelesen, die Nachricht nur überflogen habe. Auch meiner Bank hat es Zusatzarbeit beschert, als ich einmal ein Formular nicht bis zu Ende gelesen habe und deshalb Fragen gestellt, die dort bereits beantwortet waren.

Das Tempo, das wir uns selbst auferlegen, erlaubt oft nur oberflächliches Arbeiten. Wir begründen es mit immer mehr Aufgaben, die wir erledigen wollen. Doch:

»Die Entscheidung, ob wir uns auf eine Sache konzentrieren oder uns ablenken lassen, treffen immer wir.«

Schlechte Gewohnheiten kosten Wohlbefinden – analog wie digital

Zu viel, und das zu oft und zu lange

Bei der Frage nach stressigen neuen Lebensumständen ist es ganz klar das „Zuviel", das uns Kraft raubt und ruhelos macht. Es setzt sich zusammen aus Menge und Parallelität der Aufgaben. Gefolgt vom Leistungsgedanken – einer Latte, die immer höher gelegt wird. Dies ergaben meine eigenen Untersuchungen.

Reflexionsmöglichkeit
Sie sind seit 2006 begeistertes Mitglied bei Xing und waren sogar schon beim Vorgänger openBC dabei, weil Sie ein großer Verfechter des Netzwerkens sind. In den letzten Monaten stört Sie zunehmend, wie viele Kontaktanfragen verdeckte Verkäufe sind. Dienstleister bieten alles Mögliche an, was Sie nicht haben wollen. Sie ärgern sich und möchten am liebsten mal deutlich zurückschreiben, wie Sie solche Aktivitäten finden. Doch Sie fragen sich, was Sie damit erreichen wollen, außer Frust abzubauen.

Ihre Lösung:

Meine Ideen:
Sie wechseln die Perspektive und stellen sich in die Schuhe dieses Anbieters. Sie müssen ja selbst auch Kunden finden und wissen, wie schwer das manchmal ist. Sie sehen, es ist ein junges Unternehmen. Schon haben Sie sich wieder beruhigt.

Sie haben heute noch kein gutes Werk getan. Deshalb antworten Sie freundlich, dass Sie persönlich nicht interessiert sind, stellen aber einen Kontakt her, der passen könnte. Schon fühlen Sie sich viel besser.

Die ungebremste negative Informationsflut

Wir sind mit den Gedanken immer anderswo, meist bei Problemen, Sorgen, Unerledigtem. Schönes, Gutes, Angenehmes wird schnell übersehen, weil sich das Gehirn im Wiederholungsfall daran gewöhnt. Gleichzeitig verfügt es über den uralten Mechanismus, Negatives besonders schnell zu registrieren und sich genau zu merken. Anschließend wiederholen wir es gedanklich, bis es weit größer und bedrohlicher ist als die Realität. Die vorwiegend negativen Sensationen aus Frühstücksfernsehen, Radio, Onlinestartseiten oder Eilmeldungen auf dem Handy verstärken den Effekt noch. Dieser selektiven Wahrnehmung können wir uns kaum entziehen, wenn auch im Hotel während des Frühstücks das Fernsehen läuft, und selbst ohne Ton die negativen Schlagzeilen im Lauftext zusammengefasst werden.

Raus aus dem Stress

Bestimmen Sie selbst! Schalten Sie alle automatisch eingehenden Eilmeldungen auf dem Smartphone aus. Selbst wenn Sie sie nicht öffnen, lesen Sie die Überschriften beim Löschen und ihr Gehirn verarbeitet dies.

Bleiben Sie vielseitig. Es wird uns immer öfter begegnen, dass Algorithmen unsere politischen oder Kaufentscheidungen steuern. Da hilft nur, verschiedenen Quellen für unser Wissen und unsere Meinungsbildung zu nutzen und sich mit anderen auszutauschen.

Ärgern Sie sich maximal drei Minuten! Sie bestimmen, wofür Sie Ihren Kopf und Ihr Herz hergeben. Lassen Sie sich nicht alles von sich selbst gefallen. Sagen Sie „Stopp“ und wenden Sie sich anschließend gedanklich sinnvolleren Dingen zu. Nehmen Sie eine Uhr zu Hilfe.

Reflexionsmöglichkeit
Sie machen sich viel zu schnell Sorgen über viel zu viele Dinge. Sie können nicht einmal abschalten, wenn Sie abends zu Hause sind. Ihre Familie hört zwar immer wieder geduldig zu, doch Sie wissen, es nervt. Auch heute können Sie ein unangenehmes Gespräch mit einem Kollegen nicht vergessen, der Ihnen gezeigt hat, dass Sie immer wieder den gleichen Fehler bei der Dateneingabe machen.

Ihre Lösungen:

Meine Ideen:
Sie nehmen wahr, dass heute wieder so ein Grübeltag ist und tun sich etwas besonders Gutes, um das auszugleichen.

Sie nehmen wahr, dass heute wieder so ein Grübeltag ist und bitten Ihre Familie, Sie mit einigen netten Themen abzulenken.

Sie beschäftigen sich mit etwas Angenehmem, das Ihre volle Konzentration braucht, um sich abzulenken.

Sie schreiben auf, was Sie beschäftigt und vereinbaren mit sich, morgen noch einmal darüber nachzudenken, ob etwas zu tun ist. So schlafen Sie besser.

»Es ist nie zu spät dafür, einen guten Tag zu haben.«

Keine Pausen machen

Bei Pausen denken wir oft nur an die gewerkschaftlich erkämpften Pausen von der Arbeit. Doch wie oft machen Sie eine Online-Pause? Gehen zum Mittagessen ohne Handy, schalten Intranet, Skype usw. wirklich mal ab? Stellen die akustische Benachrichtigung für E-Mails aus, damit Sie in Ruhe nachdenken können?

Wir sind betriebsam statt wirksam

Beobachten Sie doch einmal, wie sehr Sie der Effizienzgedanke im Griff hat. Beim Warten auf den Bus oder im Wartezimmer lesen wir die Nachrichten. Während wir telefonieren, haben wir ein Auge auf Onlineportale und in Meetings den Computer dabei, falls es langweilig werden sollte. Es scheint, als hielten wir Ruhe, Langsamkeit oder Zeitlücken nicht mehr aus, ohne dass sich Langeweile einstellt. Die wir erst recht nicht ertragen. Dabei liegt hier das größte Erholungs- und Kreativitätspotential im Alltag.

Wir grübeln statt uns zu konzentrieren

In der Teamsitzung hängen wir gedanklich dem vorherigen Telefonat nach. Während der Kosmetikbehandlung denken wir an ein krankes Familienmitglied und beim Yoga an den unaufgeräumten Schreibtisch. Selbst im Urlaub schalten wir nicht ab: Weder Gedanken noch Handy. Was wir dabei verlieren, ist nicht nur das Bewusstsein für den Augenblick, sondern auch die Fähigkeit, unsere Gedanken bewusst zu steuern.

Reflexionsmöglichkeit
Sie haben sich für eine Weiterbildung Onlinepressearbeit entschieden, viel gelernt und alle Augen sind auf Sie gerichtet. Den Abschluss schaffen Sie mit für Sie enttäuschenden „2,9".

Ihre Lösung:

Meine Ideen:
Sie hadern mit dem Ergebnis und finden es peinlich. Was hatten Sie denn erwartet? War es realistisch, besser abzuschneiden oder messen Sie sich unfairerweise an anderen, die bereits zahlreiche Vorkenntnisse hatten?

Sie hadern mit dem Ergebnis und vergleichen sich mit früher. Damals fiel Ihnen das Lernen leichter. Das ist kontraproduktives Denken. Was war Ihr Ziel? Den Abschluss zu schaffen für Ihre Karriere. Das ist erreicht.

Sie hadern mit dem Ergebnis. Relativieren Sie. Sie waren bestimmt nicht Schlusslicht. Vielleicht neigen Sie generell dazu, unzufrieden mit sich zu sein? Eine gute Gelegenheit, das zu stoppen.

Sie atmen erst einmal durch. Was für eine Leistung, ein Fernstudium zu absolvieren. Wäre mehr möglich gewesen? Wer kann das sagen? Sie haben Ihr Bestes gegeben und damit ist das Ergebnis in Ordnung.

Wieso die digitalen Medien uns so stark beeinflussen

Mich fasziniert und schreckt das Suchtpotential der digitalen Welt gleichermaßen. Eine Sucht, die gesellschaftlich akzeptiert, ja – gefördert wird. Woran Sie sie erkennen? Beispielsweise daran, dass Sie morgens zuerst Ihre E-Mails öffnen, anstatt sich mental auf den Tag einzustimmen und Ihre Prioritäten selbst festzulegen. Schauen Sie in Ihre E-Mails, sind Sie sofort fremdbestimmt. Oder daran, dass Sie nachts das Handy mal schnell auf neue Nachrichten checken. Natürlich reden wir uns ein, dass wir dies z. B. aus Gründen der Fürsorge tun, weil Kindern oder Eltern etwas passiert sein könnte o.ä.

Wir wissen um all diese Mechanismen und doch kontrollieren wir unseren Umgang damit nicht. Lassen uns „fernsteuern" anstatt selbst zu entscheiden. Bekannt ist dieses Phänomen aus anderen Lebensbereichen, wo Kontrollverlust drohen kann, z. B. bei Fernsehen, Computerspielen, Shopping, Süßigkeiten oder Alkoholkonsum.

Alexander Markowetz vom Institut für Informatik an der Uni Bonn hat in seinen Untersuchungen herausgefunden, dass wir heute durchschnittlich 88 Mal pro Tag auf das Handy schauen, d. h. 2,5 Stunden damit verbringen. Nur 7 Minuten davon telefonieren wir. Der Rest der Zeit fällt dem Entsperren, um „nur mal zu schauen", Wettervorhersage, Uhrzeit, Spielen zum Opfer. Es ist nicht nur problematisch, dass wir unsere Zeit vertrödeln, sondern dass wir unsere Aufmerksamkeit ständig unterbrechen. Das macht unruhig. Bereits ein Handy, das auf dem Tisch liegt, erzeugt Unruhe.

Wir sind neugierig

Unser Gehirn liebt es zu lernen, zu spielen und zu entdecken. Es ist also durchaus gesund und sinnvoll, zu recherchieren, um ein Thema zu erforschen. Doch setzen Sie sich ein Zeitlimit. Indem wir den zahlreichen Verlinkungen folgen, verlieren wir das Gefühl für unseren Zeiteinsatz am PC.

Unser Smartphone ist treuer Begleiter durch alle Lebenslagen. Allerdings sollten wir noch einer Generation angehören, die gut ohne auskommen könnte. Beim Abendessen hat es nichts auf dem Tisch verloren. Ihr bester Freund legt es immer neben sich und schaut öfter darauf als Sie an? Hier heißt es, Spielregeln aufzustellen und das Thema so schnell wie möglich anzusprechen. Selbst in Arbeitsmeetings haben Smartphones nichts verloren. Wer etwas so Wichtiges zu erledigen hat, dass er am Handy erreichbar sein möchte, sollte fernbleiben und dazukommen, wenn alles erledigt ist.

Eine Untersuchung In Dänemark ergab, dass sich Facebook-Nutzer, die eine Woche nicht online waren, zufriedener und glücklicher fühlen. Das Institut für Führungskultur im Digitalen Zeitalter hat in einer Metastudie festgestellt, dass im digitalen Zeitalter die wichtigste Kompetenz für Führungskräfte die Mensch-zu-Mensch-Kommunikation ist. Hierbei insbesondere: zuzuhören, Feedback zu geben und Wertschätzung für den anderen zu zeigen. Darauf können wir unsere Neugierde lenken.

Wir wollen dazugehören

Einer unserer ältesten und damit stärksten Instinkte stammt aus der Zeit, in der wir Menschen wurden, in kleinen Gruppen gelebt haben und nur innerhalb der Gruppe überleben konnten. Darauf ist unser Gehirn heute noch gepolt. Der Eindruck, etwas zu verpassen oder uns nicht gruppenkonform zu verhalten, vermittelt uns das Gefühl, in Gefahr zu sein.

Wir lechzen nach Aufmerksamkeit und Anerkennung

Hier finden wir das machtvollste Geheimnis der neuen Medien. Kaum einem Kind wurde von seiner Familie ausreichend Aufmerksamkeit geschenkt. Die Eltern waren stets beschäftigt, körperlich, oft jedoch nicht geistig anwesend. Sie haben ihr Bestes getan, doch das Bedürfnis des Kindes, wahrgenommen zu werden, wurde unzureichend erfüllt. Haben sie sich den Kindern zugewandt, dann oft, um sie zu erziehen – mit Geboten, Verboten, negativem Feedback. Nicht zu zappeln, leise, sauber, ordentlich, fleißig, klug, schnell zu sein. Die Botschaft, die bei einem Kind ankommt, lautet häufig: „Du bist nicht richtig".

Daraus entstanden ist eine große Sehnsucht, die wir als Erwachsene unbemerkt mit uns herumtragen, hoffend, irgendwer ließe uns einmal genügend Aufmerksamkeit zuteilwerden. Das jedoch funktioniert nicht. Wir selbst müssen uns besser um uns kümmern. Die neuen Medien docken zielsicher an unser Aufmerksamkeitsdefizit an, indem sie falsche Hoffnungen entstehen lassen.

Wir wollen glücklich sein

Das ist auch gut so. Der Glücksbotenstoff Dopamin wird jedoch bereits dann im Gehirn ausgeschüttet, wenn wir etwas Positives erwarten. Im Hinblick auf unsere Handy-Gepflogenheiten heißt das: Wir checken das Handy nicht, weil eine neue Nachricht eingegangen ist, sondern, weil sie eingegangen sein könnte. Wie wir von Suchtmitteln wie Zucker oder Alkohol wissen, muss die Dosis ständig gesteigert werden, um denselben Effekt zu erzielen.

Wir lieben Stress

In meiner Stressumfrage mit focus online wollte ich wissen, was uns bei der Arbeit besonders stresst. Das Ergebnis war geschlechtsunabhängig: Wir machen uns zu viele Gedanken, wollen zu viel auf einmal schaffen, zu viel erreichen. Die Folgen der Volkskrankheit namens Selbstüberforderung sind Stress und Leistungsverlust. Kein Wunder, wenn Firmen-App, Facebook, Skype, Xing, Dienst- und privates Handy parallel bedient werden. Unser Gehirn folgt dem Prinzip „mehr von Bekanntem". Ist das Stresshormon Cortisol unserem Körper vertraut, suchen wir unbewusst immer wieder nach neuen Situationen, in denen es produziert wird.

Falls Sie jetzt denken: „Das ist heute nun mal so", möchte ich Sie daran erinnern, dass Sucht dort beginnt, wo wir glauben, unser Verhalten nicht ändern zu können.

»Die Möglichkeiten der neuen, digitalen Arbeitswelt selbstbestimmter zu nutzen setzt voraus als erstes gut für sich zu sorgen.«

Die zehn besten Strategien für mehr digitale Selbstbestimmung

Disziplin ist nicht nur nötig, um gut für sich zu sorgen, sondern auch, um gut zu entscheiden. Zum Beispiel, welche Aktivität/welches Medium Priorität hat. Je besser es uns geht, je wohler wir uns fühlen, desto leichter gelingt dies. Folgende Gedanken führen nicht nur zu diesem Ziel, sondern machen zudem Spaß:

1. Was können WIR heute selbst dafür tun, dass es uns gut geht?

Starten Sie jeden Tag mit dieser Frage und lenken Sie Ihren Fokus in eine neue Richtung. Wenn Sie sich gut fühlen, finden Sie leichter Lösungen und gehen mit sich und anderen Menschen besser um. Gleichzeitig sind Sie emotional unabhängiger davon, ob und wieviel positives Feedback beispielsweise auf dem Facebook-Account oder einer Bewertungswebseite eingehen.

In meinem Kalender habe ich Wochen ohne To-do-Listen eingestellt, weil ich kreative Zeiten ohne Druck brauche. Da ich mit meinen Vorträgen und Buchlesungen oft auf Reisen bin, drängen sich folglich viele Anrufe und Besprechungen an den wenigen Bürotagen. Meine Assistentin steht dann vor der Gewissensfrage, in diese To-do-freien Wochen ggf. dennoch Termine einzutragen, um unseren Partnern überhaupt die Möglichkeit einer persönlichen Abstimmung anbieten zu können. Ich ärgere mich jedes Mal darüber und kann dann wählen, ob ich meine Idee, die meinem Wohlbefinden und der Qualität meiner Arbeit dient, wieder ad acta lege oder immer wieder daran erinnere. Letzteres tue ich und es finden sich immer Alternativen.

2. Wer nicht zufrieden ist mit dem, was ist, wäre es auch nicht mit dem, was sein könnte

Zufriedenheit ist die Kunst, wertzuschätzen, was wir sind und haben. Wenn dann noch Besseres hinzukommt – schön. Wenn nicht, auch kein Problem. Es ist eine Illusion, erst zufrieden sein zu können, wenn alle Bedingungen erfüllt sind. Denn diese werden ständig nach oben verschoben.

3. Bestimmen wir das Tempo selbst

Beginnen Sie damit, darauf zu achten, wie oft Sie sich im Alltag unnötig selbst antreiben. Mit „mal schnell", „kurz" und „müssen" hetzen wir durch unsere kostbare Lebenszeit. Dafür ist niemand anderes als wir selbst zuständig, Und wir können es ändern. Testen Sie einmal eine Woche lang, anstelle der o. g. verbalen Beschleuniger „langsam", „in Ruhe" oder „will" zu denken. Sie werden Ihre Lebensfreude UND Produktivität deutlich steigern.

4. Machen wir es uns leicht

Suchen Sie nach einfachen Ideen und Lösungen, vor allem dann, wenn etwas kompliziert und unverständlich wird. Eine Lösung ist besser als keine. Einfaches lässt sich schneller umsetzen und etwas zu verstehen, braucht den berühmten ersten Schritt.

5. Lenken wir die Aufmerksamkeit auf die richtigen Dinge

Das Bewusstsein für Gutes und Schönes im Leben macht es leichter, es auch zu sehen. An die Wahrnehmung sind Gedanken und Gefühle gebunden; sie beeinflussen unser Verhalten. Auf diese Weise starten Sie einen positiven Kreislauf. Erzählen Sie z. B. einem anderen Menschen, wofür Sie dankbar sind oder notieren Sie es in einem Tagebuch.

6. Trainieren wir den Körper durch Wohlbefinden für Wohlbefinden

Oxytocin ist ein Hormon, das zu Entspannung und damit Wohlbefinden führt. Es wird nicht nur vom Gehirn, sondern vor allem vom Herzen produziert. Angeregt wird es durch Körperkontakt, Lächeln, Vertrauen, Dankbarkeit, Mitgefühl und Empathie.

Reflexionsmöglichkeit
Sie sind schon zwei Wochen schlimm erkältet. Nichts geht, alles tut weh, furchtbar. Sie sind es nicht gewöhnt, nicht zu funktionieren und Ihnen fällt zu Hause die Decke auf den Kopf. Am liebsten würden Sie sich zur Arbeit schleppen; es bleibt ja auch zu viel liegen.

Ihre Lösungen:

Meine Ideen:
Sie sagen „ja" zur Situation. Sie können sie nicht mehr ändern. Je mehr Sie dagegen kämpfen, umso mehr Kraft kostet es.

Sie lernen eine neue Seite an sich kennen. Schwäche erlauben Sie sich sonst nie. Sie gehört jedoch zum Leben so wie Tag und Nacht.

Sie gehen besonders aufmerksam mit sich um, anstatt sich anzutreiben, schnell wieder fit zu sein. Ihr Körper tut sein Bestes und braucht liebevolle Unterstützung anstatt Kritik.

Sie wollen schneller gesund werden? Das ist, als würden Sie am Gras ziehen, damit es wächst. Sie suchen auf YouTube Gesundheitsmeditationen, die die Selbstheilungskräfte stärken. Dafür ist besser als dagegen.

7. Machen wir es uns zur Gewohnheit, uns gut zu fühlen

Insbesondere der erste und der letzte Gedanke des Tages sollte sich etwas Schönem widmen. So steuern Sie Ihre Wahrnehmung über den Tag auf das Angenehme und gleichzeitig Nützliche und schlafen besser.

8. Haushalten wir besser mit unserer Energie

Teilen Sie sich Ihre Kräfte ein und lassen Sie etwas für den Abend übrig. Wir schöpfen aus einem „Tank" an Energie und Disziplin. Schlafmangel, ausgefallenes Essen, sprich: Glukosemangel, oder Infekte verschlimmern den Energiemangel.

Reflexionsmöglichkeit
Als Führungskraft wird von Ihnen mehr Einsatz erwartet als von anderen. Nun sind nach den Belastungen einer großen Umstrukturierung wieder einmal mehrere Personen in Ihrer Abteilung ausgefallen. Sie vertreten schon geplant Ihren Chef, doch wer soll in Ihrer Abteilung aushelfen? Ihre Mitarbeiter sind bereits überlastet. Wahrscheinlich müssen Sie das auch noch selbst machen.

Ihre Lösungen:

Meine Idee
Sie ärgern sich über sich selbst, dass Sie nicht „nein" sagen – aber nur 3 Minuten.

Sie ärgern sich über sich selbst, dass Sie nicht „nein" sagen, schreiben aber eine Überlastungsanzeige.

Sie ärgern sich nicht mehr über sich, Sie sind eben sehr verantwortungsbewusst. Bei der nächsten Abteilungsleiterrunde fragen Sie, wie Ihre Kollegen so etwas lösen.

Sie ärgern sich gar nicht erst über sich, dass Sie nicht „nein" sagen. Ärger bringt nichts. Dafür überlegen Sie sich einen guten Ausgleichssport.

9. Leben wir im Hier und jetzt

Oft gesagt und geschrieben, ist es doch essentiell im Umgang mit der virtuellen Welt. Vieles im digitalen Alltag ist Hochrechnung, Erwartung, Hoffnung oder Sorge. Bewusstsein, Akzeptanz und Wertschätzung für das, was jetzt ist, sind weitaus bessere Ratgeber für ein glückliches Leben.

10. Seien wir glücklich statt glücklicher

Glückliche Menschen werden positiver eingeschätzt, weisen eine bessere Arbeitsleistung auf, zeigen seltener unsoziales Verhalten wie Mobbing und leiden seltener unter Burnout. Sie sind zufriedener mit der Arbeit, zuverlässiger und kreativer. Sie setzen sich höhere Ziele und erreichen sie effizienter. Wenn Sie glücklich sind, dann schätzen Sie es. Es muss nicht immer mehr sein.

Bonus: Das Schokoladenprinzip

Lernen Sie vom Schokoladeessen: Dort tun wir das, was zu uns passt, sofort und gut organisiert. Erklären Sie das Recht und die Pflicht zum Genuss im Leben zur Selbstverständlichkeit – wie beim Schokoladeessen. Und fragen Sie sich bei jedem Stück Schokolade, ob Sie auch sonst heute schon genug für sich getan haben.

»Man muss auch einmal ›ja‹ sagen können. Zum Beispiel zu Genuss und Schokolade.«

3

Raus aus dem Frust

Ab jetzt machen Sie
positive digitale Erfahrungen

»Wir haben immer eine Wahl, was wir tun und was wir lassen.«

Warum wir uns schwer mit digitalen Projekten bei der Arbeit tun

Digitalisierung ist Teil von „New Work". Und „neu" zu arbeiten, heißt eben nicht ein bisschen anders, sondern neu. Vor neuem Verhalten muss neues Denken stehen, denn dies bestimmt, was wir wie tun. Schauen wir uns an, welche analogen Gedanken wir wie transformieren können:

Wir wollen etwas ändern, doch gleichzeitig alles beim Alten lassen

Ich mag keine neuen Updates, die ohne mein Wollen nachts installiert werden. Ich will nicht, dass Facebook meine Daten speichert usw. Ich möchte die Vorteile der digitalen Welt genießen, jedoch nicht den Preis dafür zahlen. Das funktioniert leider nicht.

Vieles wurde uns in den vergangenen Jahren durch neue digitale Möglichkeiten tatsächlich abgenommen. Das bedeutet aber gleichzeitig, dass wir uns dieser neuen Welt stellen müssen. Leider jedoch ist Lernen in unserem Land nicht mit Spaß und Lust verbunden. Viele glauben, wenn man eine berufliche Ausbildung und Qualifizierung gemeistert hat, reiche es aus. Doch wir leben inzwischen in einer Wissensgesellschaft. Wir werden nie mehr aufhören können zu lernen.

Planen Sie Zeitfenster, um sich mit den digitalen Optionen in Privat-und Berufsleben in RUHE zu befassen.

Wir sind auf diese neue Welt nicht vorbereitet

Die Smartphones sind inzwischen einige Jahre auf dem Markt und was wir Digitalisierung nennen, hat vor etwa 20 Jahren begonnen. Die industrielle Revolution als Vorgänger und Wegbereiter der digitalen ist etwa 200 Jahre alt. Die Frühmenschen sollen vor etwa 2,8 Millionen Jahren auf der Erde gelebt haben.

Auch wenn wir uns unser Leben gar nicht mehr anders vorstellen können: Die Entwicklungen, mit denen wir gern hadern, sind sehr jung. Niemand hat uns in Schule oder Ausbildung beigebacht, was auf uns zukommt. Da wir gern die Kontrolle haben, verunsichert das. Vor allem deshalb, weil alte Spielregeln nicht mehr gelten. Das war schon immer so, wenn sich etwas grundlegend ändert. Der Einführung von Desinfektionsmitteln im Krankenhaus wurde einst mit ebensolcher Skepsis begegnet wie den ersten Kaufhäusern. Alles, was extrem in die Gewohnheiten und Lebensweisen der Menschen eingreift, fasziniert und verunsichert gleichermaßen.

Verabschieden wir uns von altem Denken, z. B. am Ende eines Tages alle Aufgaben erledigt zu haben. Mal wird es gelingen, mal nicht.

»Akzeptieren wir fließende Übergänge. Dann sind wir häufiger zufrieden.«

Wir vergeuden unsere Ressourcen im Kampf gegen etwas, das längst Realität ist

Es ist keine Option, sich aus der Digitalisierung dieser Welt herauszuhalten. Nicht im Berufsleben und nicht privat. Spätestens am Fahrkartenautomaten oder wenn die Krankenkasse Daten online erhalten möchte, ist jeder gefordert. Besser wäre also „ja“ zu sagen zu dem, das ohnehin schon ist. Diese Sichtweise erspart negative Emotionen, die aus dem inneren Widerstand resultieren und Kraft und Denkleistung kosten.

Raus aus dem Stress

Setzen Sie bei der Arbeit auf den Spitzenreiter für Stressresistenz: Wohlbefinden. Wohlbefinden sagt Arbeitsproduktivität besser voraus als die Freude an der Arbeit. Das heißt, jemand, dem es gut geht, wird eine Arbeit besser erledigen, selbst wenn sie ihm keinen Spaß macht, als jemand, dem es schlecht geht, seine Lieblingsarbeit! Die positive Psychologie geht dabei von einem „Tipping Point“, sprich: optimalem Verhältnis positiver zu negativen Gefühle von mindestens 3:1 aus, damit wir gesund bleiben und Paare und Teams erfolgreich agieren. Die Aussagen dazu variieren mittlerweile zwischen 2:1 bis 5:1. Klar ist: Auf jedes schlechte Gefühl sollten mehrere gute kommen. Das gelingt, wenn wir aufmerksamer für das Gute im Leben sind.

Die Volksbanken haben vor einiger Zeit ein umfassendes Update ihrer Banksoftware AGREE21 eingeführt. Trotz monatelanger Vorarbeit gab es zahlreiche Kinderkrankheiten und Funktionen, die sich verschlechterten. Ärger und Aufregung waren groß. Mein Vorschlag war, diesen Ärger z, B. mit einem Lächeln über ein kleines Wortspiel auszugleichen, wie: Alles Gelingt Ruckzuck Einfach Erfolgreich. Auch eine augenzwinkernde Karikatur oder Botschaft an der Bürotür und ein Teammeeting mit Beweisen für Gelingendes zahlen in das 3:1-Prinzip ein.

Wir fokussieren uns auf das Negative

Ich kann nicht oft genug wiederholen, dass unser Gehirn die Tendenz hat, Probleme und Gefahren schneller zu erkennen, besser zu erinnern und größer zu machen, als sie in der Realität sind. Erleben wir negativen Stress, weil wir uns überfordert fühlen, Angst haben oder ähnliches, sehen wir eher Probleme als Lösungen. Nach dem Zufallsprinzip gibt es eine 50/50-Chance, dass etwas auch besser wird. Vor allem dann, wenn wir uns damit beschäftigen, damit es vertrauter wird und wenn wir dies mit Freude tun.

Plötzlich war sie da, die Datenschutzgrundverordnung. Eigentlich festigte und vertiefte sie vieles, was ohnehin schon hätte getan werden müssen. Plötzlich gab es ein höheres Strafmaß und alle waren hellwach. Auch ich habe mich über die zusätzliche Arbeit aufgeregt, alle Formulare und automatischen E-Mails prüfen zu müssen, die Datenschutzerklärung zu erneuern, von Kunden und Mitarbeitern Einverständniserklärungen einzuholen usw. Jeder machte jedem Angst, wie viele Anwälte mit automatisierten Abmahnungen viel Geld verdienen wollen würden, dass das Gesetz den kleinen Firmen schade usw. Übersehen wurde dabei, dass dieses Gesetz eine Errungenschaft im Verbraucherschutz ist. Es existierte schon länger ein Verbot für unerwünschte Emails. Nun wird es endlich umgesetzt. Es gibt mehr Transparenz, was bei welchem Einkauf mit meinen Daten geschieht. Ich habe durch einen positiven Blick auf die DSGVO schneller verstanden, worum es geht. Und war dankbar für die Angebote der IHK und auf Kongressen, um mich mit den Details vertraut zu machen. Gleichzeitig habe ich mich mit Kollegen ausgetauscht – eine gute Investition in unseren Kontakt.

Wir fühlen uns abhängig und fremdbestimmt

Um zu meiner Ausgangssituation zurückzukommen: Bei meinen Beratungsprojekten für meine Webseite habe ich beides erlebt. Zum einen fühlte ich mich von einer digitalen Welt des Marketings, die scheinbar macht, was sie will, fremdbestimmt. Und ich fühlte mich abhängig von Menschen, die statt meiner damit zurechtkommen. Weil ich das digitale Marketing nicht durchschaue nehme ich an, es bestimmt mich. Und weil anderen Menschen Aufgaben für mich erledigen die ich nicht tun will, erlebe ich mich hilflos. Oft denken wir aus der Position der Schwäche statt Stärke über diese digitale Welt nach. Statt z. B. selbst zu bestimmen, für welche online Aktivitäten wir uns erwärmen können und welche wir lassen, egal wie populär sie sind. Je besser wir selektieren, umso gründlicher können wir uns dann mit dem wenigen befassen.

Reflexionsmöglichkeit

Ein großer Verband im Bereich der sozialen Dienstleistungen berichtete mir, dass es häufiger vorkommt, dass die neue Technik ausfällt. Obwohl viel investiert wurde in hochwertige, gut gepflegte Software und Schulungen. Die Mitarbeiter sind immer wieder unzufrieden, weil sie ohne Technik ihre geplante Arbeit nicht schaffen.

Ihre Lösung:

Meine Ideen:

Sie kennen die 80/20 Regel? Ein Tag sollte nicht voll verplant werden, weil es immer Unvorhergesehenes gibt. Wenn wir uns in neue Software einarbeiten, könnte die Regel 70/30 lauten.

Sie testen, anstatt mit Tageszielen mit Wochenzielen zu arbeiten. Das verschafft Ihnen mehr Flexibilität in der Aufgabenwahl.

Sie prüfen, in welchen Niederlassungen deutschlandweit die Software am seltensten ausfällt und worin genau der Unterschied zu Ihrem Haus besteht. Was können Sie lernen, um es sich leichter zu machen?

Wir nehmen uns keine Zeit

Sich zu informieren anstatt zu ignorieren, wäre die optimale Strategie in unserer neuen digitalen Welt. Wenn wir alles schnell-schnell erledigen wollen, machen wir mehr Fehler, als wenn wir uns Zeit nehmen. Lernen und Verstehen funktionieren nicht hektisch und nebenbei. Feste Zeiten, um sich mit neuen Programmen und Begriffen zu befassen und sich Unbekanntes erklären zu lassen, wären eine Lösung.

Immer, wenn wir etwas verstehen, wird es vertrauter. Das erste Erfolgserlebnis stellt sich ein und schon lernen wir leichter und mit mehr Freude. Wissen hilft uns zudem, das Gefühl der Fremdheit abzulegen, das uns bei digitalen Fragen oft beschleicht.

Nachdem ich mich immer wieder geärgert hatte, dass bei meinen digitalen Beratungsprojekten nicht herauskam, was ich mir wünschte, entschloss ich mich, meine Erwartungen zu überprüfen und vor allem, mir selbst Zeit zu nehmen. So habe ich eine Online-Ausbildung zum Social Media online Manager absolviert. Jede Woche bekam ich in 90 Minuten Wissen und Erfahrung vermittelt. So kam mir diese Welt näher und je näher sie kam, umso mehr Freude bereitete sie mir.

Reflexionsmöglichkeit
Ihre Bank hat eine neue App für Kunden eingeführt. Sie persönlich nutzen sie nicht. Die Geschäftsführung gibt nun die Anweisung heraus, dass alle Kundenbetreuer die App bei den Kundengesprächen vorstellen sollen. Sie haben überhaupt kein Interesse, sich damit zu befassen. Denken Sie über den Worst Case nach: Sie könnten die Bank verlassen. Immer. Gute Fachleute werden überall gesucht. Wahrscheinlich wollen Sie das jedoch gar nicht und würden an Ihrem neuen Arbeitsplatz mit ähnlichen Themen konfrontiert werden.

Ihre Lösung:

Meine Ideen:
Sie suchen sich einen Lieblingskollegen, dem die Apps mehr Spaß machen als Ihnen und dazu einen schönen Ort, an dem Sie sich zusammensetzen. Sie schaffen sich gute Rahmenbedingungen, dann lernt es sich leichter.

Sie planen ausreichend Zeit in Ihrem Kalender ein. Sie wissen, Sie bekommen es hin, wenn Sie sich damit befassen.

Als Führungskraft rufen Sie einen Wettbewerb aus für die besten Entdeckungen, was die App alles kann. So lernt das ganze Team dann mit.

Wir kopieren das steigende Tempo

„Schnell noch einkaufen gehen", „Haben Sie die E-Mail nicht bekommen, die ich Ihnen vor 30 Minuten geschickt habe?" Der technische Fortschritt verschafft uns so viele Entlastungen, dass wir mehr Zeit für alles haben sollten. Stattdessen packen wir sie immer voller und laufen immer schneller. Seit E-Mails die Briefe ersetzt haben, schreiben wir jetzt hundertfach so viele. Seit wir nicht mehr Kutsche fahren, sondern fliegen, reisen wir öfter und weiter. Ich war gerade in Budapest. Von der Fischerbastei bin ich geflohen, weil mich die Touristenmassen erdrückt haben. Wir glauben, wenn wir die Dinge schneller erledigen, sei das ein Gewinn. Das stimmt leider nicht. Im Gegenteil. Weil wir oberflächlich, unkonzentriert und unter Druck sind, machen wir mehr Fehler und treffen keine gut durchdachten Entscheidungen. Das fällt uns später auf die Füße.

Reflexionsmöglichkeit
Dieser Tag ist vorprogrammiert auf Hektik, Tempo und Anspannung. Seit Tagen sind Kollegen krank, die neue Datenbank hält nicht, was versprochen war und die ohnehin reichliche Arbeit ist gar nicht mehr zu schaffen.

Ihre Lösung:

Meine Ideen:
Sie nehmen sich in der Pause als erstes Zeit für sich, genießen den Tee, Ihr Frühstück.

Sie überlegen, worauf Sie sich heute freuen können.

Sie machen regelmäßig kleine Pausen.

Sie suchen nach etwas Lustigem wie einem Cartoon oder Spruch, der alle aufheitert.

Sie überlegen, was Sie alles nicht tun; es ist sowieso nicht alles zu schaffen.

„Schuld“ sind bevorzugt die anderen

Zu einem Problem gehören immer zwei Seiten. Die äußere, also z. B. ein Chef, der schnell laut wird, und die innere, also die Art, in der wir darauf reagieren. Etwa, indem wir den Ärger darüber unterdrücken, keine Grenzen ziehen und dann nachts grübeln, was wir hätten sagen können. Letzteres hat nichts mit dem Chef zu tun, sondern mit uns.

Reflexionsmöglichkeit

Ihr Unternehmen hat sich dem Thema Digitalisierung ganz und gar verschrieben. Neben interaktiver Firmenwebseite und internem E-Mail System wird nun ein internes Kommunikationssystem eingeführt, das Chatfunktionen besitzt und es erlaubt, Bilder und Texte einzustellen. Allerdings ist die Textverarbeitung sehr simpel, es kann nichts formatiert werden. Als IT-Verantwortlicher, der die Mitarbeiter für die Nutzung des neuen Kommunikationssystems gewinnen soll, verstehen Sie selbst nicht, welcher Kanal wofür gedacht ist.

Ihre Lösung:

Meine Ideen:

Statt darauf zu warten, dass die Geschäftsführung selbst erkennt, dass die Zielstellung nicht klar genug kommuniziert wurde, machen Sie selbst darauf aufmerksam. Notfalls mehrmals, bis ein Ergebnis da ist.

Sie gründen ein kleines Team an Interessierten und sammeln Varianten, welches System wofür sinnvoll zu nutzen ist. Sie stellen es anderen Kollegen und den Führungskräften vor und finden Lösungen, ehe das Problem „oben“ erkannt wird.

Sie suchen den Erfahrungsaustausch mit Kollegen in anderen Branchen, fragen, wie diese vergleichbare Situationen lösen. Das kostet zwar Zeit, aber nicht mehr, als wenn diese im Alltag durch ineffizientes Arbeiten verloren geht.

Das Kernproblem der digitalen Abneigung: Wir sind dagegen statt dafür

In vielen Unternehmen wird Kraft, Zeit und Geld investiert, um alle Mitarbeiter für die digitalen Veränderungen zu gewinnen und mitzunehmen. Gerade erfahrene Arbeitnehmer sträuben sich oft dagegen. Es kostet viel Kraft, gegen etwas zu sein und behindert das Gehirn bei seiner normalen Arbeit. Dann machen selbst die täglichen vertrauten Dinge keine Freude mehr. Schuld daran ist aber nicht die Digitalisierung, sondern unser Widerstand dagegen. Besser wäre, auf Entdeckungsreise zu gehen, zu testen, was möglich ist. Unser Gehirn liebt es, zu lernen und Probleme zu lösen. Und nach 30 Tagen bis 3 Monaten stellt sich ein Gefühl der Vertrautheit ein.

Eine negative Haltung entsteht besonders oft dann, wenn wir uns schon in einer Überforderungssituation befinden. Je länger wir so leben, uns jahrzehntelang selbst überfordern, desto gestresster fühlen wir uns. Und denken, es sei dem Älterwerden geschuldet. Doch wir sind nicht weniger belastbar, weil wir älter sind, sondern weil wir unsere Reserven aufgebraucht haben. Zu guter Letzt stecken wir uns gegenseitig mit diesen Haltungen an. Stressbedingte negative Gefühle wie Erschöpfung und Zynismus werden innerhalb Paaren und Teams übertragen.

Raus aus dem Stress
Lächeln Sie den Stress weg: Lächeln, selbst wenn uns nicht danach ist, führt zu Stressreduktion und Glücksgefühlen. Dies gilt auch für das sogenannte „unechte" Lächeln, bei dem nur der Mund, nicht die Augen, lachen.

»Es gibt immer einen guten Grund zum Lächeln.«

Wohlbefinden in der digitalen Welt: Das sind die To-Dos für Führungskräfte

Seien Sie ein gutes Vorbild für das, was Sie von Ihren Mitarbeitern erwarten, z. B. zu wollen anstatt zu sollen.

Seien Sie kein schlechtes Vorbild für das, was Ihre Mitarbeiter nicht machen sollen, z. B. im Urlaub E-Mails lesen.

Sammeln Sie gute Beispiele für Lebensbereiche, in denen wir alle schon ganz selbstverständlich digital leben. Das kann die elektronisch gesteuerte Haustür genauso sein wie die Vorbestellung des Mittagessens.

Sammeln Sie gute Beispiele, was Ihnen bei der Umsetzung ähnlicher digitaler Projekte wie dem aktuellen gut gelungen ist. Zum Beispiel der Informationsaustausch mit anderen Standorten.

Limitieren Sie Problemdiskussionen, am besten mit einer Eieruhr. Lenken Sie auf Lösungsfindung hin.

Schaffen Sie Ergebnisse. Unterteilen Sie große Vorhaben in kleine. Ergebnisse zu sehen ist motivierend.

Denken Sie öfter an soziale Ressourcen: Der Rat von Kollegen, Ihre Erfahrungen, Wertschätzung von Kunden, selbst der Austausch mit Mitbewerbern kann das sein.

Achten Sie auf ein regelmäßiges „analoges" Miteinander der Teammitglieder. Computerarbeit macht einsam.

Nehmen Sie sich Zeit, zu erklären, was passiert. Nochmal. Und nochmal.

Wertschätzen Sie die Vergangenheit. Nicht alles Alte war schlecht. Es demotiviert die Mitarbeiter, wenn scheinbar egal ist, was bisher alles gelang und was sie bis jetzt geleistet haben.

Leiten Sie zur Neudefinition von To-do-Listen und Tageszielen an. Besser sind Wochenpläne, die Spielraum geben. Wenn heute etwas nicht funktioniert, kann es morgen getan werden.

Etablieren Sie eine angemessene E-Mail-Kultur. Was kann eingespart werden, welche Reaktionszeiten sind angemessen?

Wer fragt, führt: Das heißt, nach Erfolgen zu fragen statt nach Schwierigkeiten.

Fördern Sie das Gefühl von Sicherheit im Augenblick: Lenken Sie die Aufmerksamkeit auf Kriterien, die dazu führen, dass sich Ihre Mitarbeiter sicher fühlen. Welche materiellen (Nachschlagewerk im Intranet), sozialen (Kollege, der hilft) oder physischen (Erholungspause) Ressourcen können sie nutzen?

Stärken Sie die Verbundenheit in der Gruppe: Wie die Mitglieder miteinander umgehen, ist wichtiger, als wer dabei ist.

Fördern Sie Harmonie im Umgang miteinander: gemeinsames Lachen, einen gemeinsamen Spruch der Woche, Teamevents, die verbinden.

Sorgen Sie gut für sich. Nur so gut, wie Sie sich fühlen, können Sie arbeiten und für andere da sein.

Etablieren Sie mehrmals täglich die „Achtsamkeits-Stärke-Pause“: 3 Minuten zurücklehnen, Augen schließen, auf den Atem konzentrieren und eine intuitive Antwort auf die Frage finden, welche Ihrer Stärken Sie jetzt sofort einsetzen wollen.

Wohlbefinden in der digitalen Welt: Das sind die To-Dos für Mitarbeiter

Kommunizieren Sie mit Ihrer Führungskraft. Sie kann weder Gedanken lesen noch den Füllstand Ihres Schreibtisch erraten. Zeigen Sie Möglichkeiten und Grenzen rechtzeitig.

Holen Sie sich rechtzeitig Feedback ein, wenn Sie an neuen Projekten arbeiten. Nicht erst, wenn Sie in eine falsche Richtung gelaufen sind.

Holen Sie sich Hilfe von Kollegen, die technikaffiner sind oder Erfahrungsvorsprung haben.

Schalten Sie von „Sollen" auf „Wollen" und schon funktioniert Ihr Gehirn besser.

Suchen Sie nach Dingen, die Sie selbst bei der Arbeit verbessern können, um sie angenehmer zu machen. Etwa die Reihenfolge der Aufgaben oder mit wem Sie sie gemeinsam lösen könnten. Es gibt immer Spielräume.

Beschäftigen Sie sich mit Dingen und Situationen, die Sie nicht mögen statt sie zu ignorieren. So haben Sie diese in der Hand – nicht umgekehrt.

Suchen Sie nach Vorbildern. Welche Abteilung hat das neue System schon erfolgreich eingeführt und kann Ihnen bei der Implementierung helfen?

Lassen Sie sich von Engagement anstecken. Es gibt immer jemanden im Team, der für die neue Unternehmens-App brennt. In allem stecken auch Vorteile..

Etablieren Sie mehrmals täglich die „Achtsamkeits-Stärke-Pause": 3 Minuten zurücklehnen, Augen schließen, auf den Atem konzentrieren und eine intuitive Antwort auf die Frage finden, welche Ihrer Stärken Sie jetzt sofort einsetzen wollen.

Fördern Sie das Gefühl von Sicherheit im Augenblick: Lenken Sie die Aufmerksamkeit auf Kriterien, wann Sie sich sicher fühlen, z. B. welche materiellen (Nachschlagewerk im Intranet) sozialen (Kollege, der hilft) oder physischen (Erholungspause) Ressourcen sie haben.

Stärken Sie die Verbundenheit in der Gruppe: Wie die Mitglieder miteinander umgehen, ist wichtiger als wer dabei ist.

Lassen Sie sich nicht alles von Ihrem Gehirn gefallen. Sie denken Ihre Gedanken und nicht umgekehrt.

Halten Sie sich fern von negativen Interaktionen. Klatsch, Tratsch, Spekulationen, Interpretationen, schlechten Nachrichten. Sie schaden Ihrem Wohlbefinden.

Sorgen Sie gut für sich. Nur so gut wie Sie sich fühlen, können Sie arbeiten und für andere da sein.

4

Willkommen digitales Leben!

Die Welt wird das,
was wir aus ihr machen

»Unser Wohlbefinden können wir immer selbst bestimmen. Wir müssen es nur tun.«

Bestimmt ist Ihnen schon aufgefallen, dass ich Sie für einen positiven Umgang mit der digitalen Welt gewinnen will. Vielleicht haben Sie sich dabei gefragt, ob es Grenzen für den besseren Umgang mit digitalem Stress gibt.

Machen wir uns deutlich, dass die Glücksforschung sagt, dass die Varianz im Glücksniveau zu 50 % genetisch veranlagt ist. Das heißt, es gibt eine Veranlagung, ob es uns leichter oder schwerer fällt, gut drauf zu sein. Genauso ist es für das Planen oder Aufräumen oder die Kommunikation. Es gibt Naturtalente und andere, denen es schwerer fällt. Was keinesfalls heißt, dass es unmöglich ist.

Im Gehirn werden diejenigen Zellen besonders eng miteinander vernetzt, die von uns häufig benutzt werden. Das heißt, wir können viel lernen und uns antrainieren. Die Forschung geht außerdem davon aus, dass es sich bei dem, was wir in der Hand haben, um etwa 40 % handelt. Das ist richtig viel und deutlich mehr als die Lebensumstände, die einen Einfluss von ca. 10 % haben. Diese Zahlen werden gerade von der Forschung neu betrachtet. Weil Umgebungsfaktoren heute so viel zahlreicher und weitreichender sind als vor einigen Jahren. Doch egal, ob sie 15 oder 20 % unseres Wohlbefindens beeinflussen: Wir haben immer selbst Einfluss darauf, wie stark und wie lange wir uns beeinflussen lassen.

Schaffen Sie sich Ihre eigene digitale Welt

In Vorbereitung dieses Buches und eines neuen Vortragsformates habe ich diverse Umfragen durchgeführt, um zu erfahren, was meine Partner, Hörer und Leser zum Thema Digitalisierung beschäftigt. Ich habe viele wertvolle Informationen bekommen. Viele Beispiele im Buch sind daraus entstanden. Als allererstes habe ich sie jedoch selbst getestet und für meinen besseren Umgang mit der digitalen Welt genutzt. Hier möchte ich weitere Erkenntnisse mit Ihnen teilen:

Ein Hinweis, der bei mir selbst einen Schalter im Kopf umlegte, war jener auf den Standpunkt, von dem aus wir schauen. Bei dem ersten geplanten Buchtitel wie „Die Kunst des guten Umgangs mit der digitalen Welt" stehen wir einer Welt gegenüber, statt Teil von ihr zu sein. Wir denken in „ich" und „die oder das andere". Damit schaffen wir Distanz und diese fühlt sich nicht gut an. Außerdem beschränken wir mit dieser Sicht unsere Möglichkeiten. Im Vordergrund steht eher, damit klarzukommen, sich zurechtzufinden, zu akzeptieren, was wir nicht akzeptieren wollen. Anstatt zu einer Haltung zu finden, in der wir Teil des Ganzen sind. Uns daran erfreuen und fragen – was gewinnen wir durch die digitale Welt und was kann diese für uns tun?

Sich als Mitgestalter und Teil der Entwicklung zu definieren, verändert die Art unserer Gedanken und deren Wirkung auf uns. Aus der Forschung wissen wir, dass Hilflosigkeit in die Depression führen kann, dass das Gefühl, keine Wahl zu haben, ein Stressfaktor ist.

»Jeder gestaltet mit, was wir unsere Welt nennen, auch die digitale.«

Wir haben immer uns

Hilflosigkeit ist ein Gefühl, das mir in der digitalen Welt oft begegnet ist. Wenn ich etwas nicht verstehe, keine Wahl zu haben scheine oder etwas nutzen muss, das ich ablehne. Und sei es nur der digitale Fahrkartenautomat. Wir haben verschiedene Möglichkeiten, damit umzugehen. Eine, die gar nicht so einfach, aber wirkungsvoll ist: zu akzeptieren, was ist. Stress und Unwohlsein entstehen dann, wenn wir gegen etwas ankämpfen anstatt Situationen, Menschen, Dinge für diesen Augenblick so zu nehmen, wie sie sind.

Und wir wählen zu oft die falsche Alternative. Wir versuchen mit größerem Einsatz, etwas zu verstehen, strengen uns mehr an und wollen noch schneller sein. Dies kann uns in der digitalen Welt, deren eines Charakteristikum Tempo ist, nicht gelingen.

Besser wäre, auf uns zu vertrauen. Darauf, dass wir schon so vieles gelernt haben, obwohl wir es nicht wollten, es uns nicht interessiert hat. Dass wir kreativ sind und es immer mehrere Lösungen und Wege gibt. Dass wir Menschen gern entdecken und erkennen und über Intuition verfügen, die hilft, wenn der Verstand aussteigt.

Kurzum: Vertrauen wir uns. So machen wir uns das Leben leichter im Allgemeinen und im Besonderen. Ist etwas leicht, finden wir bessere Lösungen. Ein positiver Kreislauf entsteht.

Dass deutsche Mitarbeiter an sich glauben, können wir immer wieder in Studien nachlesen wie dem Wrike Digital Work Report 2018. Dort schätzen sich in Deutschland so viele Büroarbeiter wie in keinem anderen der europäischen Länder als sehr oder sogar Spitzen produktiv ein.

Dies ist besonders interessant, weil gleichzeitig im modernen Arbeitsmanagement wie z. B. der Automatisierung von Routinen oder Cloud-Lösungen Nachholbedarf gesehen wir. Das heißt, hervorragende technische Lösungen können nicht der Grund für die hohe Produktivität sein.

Vielmehr bewerten wir Deutschen die Zusammenarbeit als besser und sind eher als andere Nationen bereit, Verbesserungsvorschläge an das Management zu geben als anderswo. Danach erst wird die innere – oder tatsächliche – Kündigung als Lösung von Arbeitsproblemen in Betracht gezogen.

Für mich heißt das, Digitalisierung hin oder her, der Faktor Mensch und vor allem, wie wir Menschen zusammenarbeiten und –halten, ist der Wohlfühl- und Leistungsfaktor schlechthin, den wir jederzeit selbst abrufen können.

Eine weitere Rückmeldung auf meine Umfrage zur Digitalisierung war, dass es besser ist, mit Wohlwollen in dieser neuen Welt unterwegs zu sein. Fühlen Sie einfach einmal den Unterschied, den das Wort „Skepsis" gegenüber „Wohlwollen" in Ihrem Körper, zum Beispiel im Bauch, auslöst. Und noch einmal. So, wie Sie denken, fühlen Sie sich und so wie Sie denken und fühlen, verhalten Sie sich. Ihre Möglichkeiten, gut zu entscheiden, sind viel besser, je positiver Sie denken und sich fühlen.

Deshalb schaue ich am Ende meiner Digitalisierungsprojekte mit meiner Agentur noch einmal neu auf die Ergebnisse unserer Arbeit. Mit Wohlwollen. Statt mich von Enttäuschung leiten oder sogar täuschen zu lassen, was scheinbar alles nicht geklappt hat, ändere ich den Fokus und suche nach dem Gelungenen und Angenehmen. Denn bereits unangemessen definierte Ziele können Auslöser für Frustration sein. So trugen wir nach jedem einzelnen Projekt zusammen, was sich verbessert hatte. Auch Kleinigkeiten. Ich hatte zwar nicht mehr Webseitenbesucher, dafür jedoch die richtigen, die genau meine Themen suchen. Ich hatte nicht viel mehr Follower auf Facebook, dafür mehr Freude an den Posts. Ich hatte gelernt, mich mehr an der Perspektive meiner Kunden und Partner zu orientieren. Damit erhöhte sich nicht nur der Freudefaktor bei der Arbeit. Es erhöht sich auch die Wahrscheinlichkeit des Erfolges.

»Wir fühlen uns in der digitalen Welt so, wie wir denken.«

Raus aus dem Stress
So gelingt ein Perspektivwechsel:

Zählen Sie das Gute eines Tages, eines Projektes, einer scheinbar misslungenen Aktivität mit einer Strichliste – oft übersehen wir es nur.

Fragen Sie sich, was Sie lernen konnten.

Fragen Sie, welch einen anderen Gewinn es gab, den Sie nicht erwartet haben, z. B. Freude oder Aufmerksamkeit oder Unterstützung.

Fragen Sie andere nach deren Perspektive, meist betrachten wir uns und was wir erreicht haben, viel zu kritisch.

Geben Sie der Situation einen neuen Rahmen – wie werden Sie diese in einem Jahr bewerten oder wie würden Ihre kleine Tochter/Enkel/Nichte sie bewerten? Kinder haben meist erfrischend unkomplizierte Sichtweisen.

Was kann ich selbst dafür tun, dass es mit gut geht

Ein anderes Umfrageergebnis ist, dass Selbstbestimmung vielen Menschen sehr am Herzen liegt. Die scheinbar in der digitalen Welt verloren geht. Bevor ich mich mit diesem Buch befasst habe, hätte ich das auch gesagt. Viel zu oft ärgere ich mich über Updates, die „einfach so" passieren, wenn ich die Bedienungshinweise im Internet nicht verstehe oder wieder einen Anruf nicht entgegennehmen konnte, weil ich nicht richtig „gewischt" habe.

Doch am Ende stimmt das nicht, denn es war meine Entscheidung, ein Smartphone zu kaufen. Es ist meine Entscheidung, wie oft ich das Wischen übe oder mir etwas erklären lasse. Vor allem im Unternehmenskontext wird die Möglichkeit zur Mitgestaltung viel zu wenig genutzt. Die Gründe sind vielfältig: scheinbarer Zeitmangel (scheinbar, weil wir es sind, die unsere Zeit einteilen), Bequemlichkeit, mangelndes Engagement, weil es nicht unsere Aufgabe ist oder Resignation, wenn wir mehrmals etwas vorschlagen und keiner reagiert. Manchmal sehe ich mir die Ladykracher-Sketche mit Anke Engelke an. Einer heißt: „Ausredenkontrolle". Auch ich habe mich ertappt gefühlt.

In einem Vortrag Hermann Scherers habe ich eine gute Parabel gehört: Im Wald sind alle voller Sorge, weil das Gerücht umgeht, der Bär habe eine Todesliste aufgestellt. Der Hirsch geht zum Bären und fragt: Bär, stimmt das, dass Du eine Todesliste hast? Der Bär antwortet: Ja und Du stehst darauf. Daraufhin trottet der Hirsch traurig nach Hause und ist eine Woche später tot. Der Fuchs geht zum Bären und fragt: Bär, stimmt es, dass Du eine Todesliste hast" Der Bär sagt: Ja und Du stehst darauf. Der Fuchs trottet traurig nach Haus und ist nach einer Woche tot. Der Hase geht zum Bären und fragt: Bär, stimmt das, dass Du eine Todesliste hast? Der Bär sagt: Ja und Du stehst darauf. Der Hase antwortet: Kannst Du mich nicht streichen? Ja, sagt der Bär, das mache ich.

Die Fallen der Digitalisierung erkennen und umgehen

Der Philosoph Markus Gabriel hat mich mit seinen Reflexionen daran erinnert, dass die Künstliche Intelligenz zwar unser Leben revolutioniert. Wir aber immer besser als ein Roboter denken werden und unser Körper evolutionstechnisch stabiler ist als jede Hardware. Natürlich rechnen Taschenrechner schneller als wir und eine digitale Reiseplanung lernt mit und passt sich unseren Vorlieben an. Doch die Künstliche Intelligenz ist reine Logik. Von Menschen programmierte Mustererkennung, Formeln zur Problemlösung. Wer intelligenter ist, findet schneller und einfacher Lösungen. Das können die durch uns programmierten Maschinen.

Doch wir Menschen haben ein vielfältigeres Denken und ein Bewusstsein. Es macht uns zwar fehleranfälliger als einen Computer. Doch es folgt eben keinem vorgegebenen Algorithmus, sondern ist variabel einsetzbar. Sonst hätten wir nicht allen Gefahren, wie Seuchen, Kriegen, Hunger usw. getrotzt. Wir sind in der Lage, uns an sich ändernde Bedingungen anzupassen. Computer denken nicht und sind auch nicht in menschlichem Sinne intelligent.

So wie Menschen früher Götterstatuen verherrlichten, weil sie ihnen besondere Fähigkeiten zuschrieben, tun wir dies heute mit Datenbanken und Suchmaschinen. Wir werden nicht von unseren Telefonen und Computern unterworfen, sondern tun dies ganz freiwillig. Hier liegt eine Gefahr, der wir uns kaum bewusst sind.

»Begegnen wir der digitalen Welt bewusst und wohl durchdacht.«

Die neue digitale Welt willkommen zu heißen, bedeutet, auch die Schattenseiten zu kennen. Nicht, um sie zu verteufeln, sondern um sich selbst besser behaupten zu können. Auf dem Europäischen Kongress für Positive Psychologie im Sommer 2018 in Budapest stellte der ungarische Gehirnforscher Prof. Tamás Freund seine Arbeit zur Reaktion unseres Gehirns auf die digitale Informationsflut vor.

Ich habe mitgenommen, dass generell die Informationen aus der Außenwelt von Billionen von Neuronen in unserer Innenwelt im Gehirn verarbeitet werden. Dies geschieht durch eine gesteuerte Impulskontrolle und Synchronisation der Arbeit der Neuronen. Wie und welche Impulse weitergegeben werden, hat mit unseren Emotionen und unserer Motivation zu tun.

Das hat in der alten Welt gut funktioniert. Heute hat das Gehirn immer weniger Zeit, die Impulse von außen zu verarbeiten, sie emotional zu verdauen. Widmen wir uns einer Aufgabe, werden wir ständig von neuen Angeboten abgelenkt, die uns emotional ansprechen. Das ständige Hin und Her reduziert unsere Kreativität – weil wir nur noch reagieren. Das Gehirn versucht, unsere Emotionen abzustumpfen, um der Reizüberflutung standzuhalten. Dies hat allerdings zur Folge, dass wir Suchtverhalten entwickeln. Denn wenn die Rezeptoren abstumpfen, um z. B. weniger auf den Belohnungsstoff Dopamin zu reagieren, brauchen wir mehr des Reizes, um uns wieder wohlzufühlen. Dies ist typisch für Drogen.

Der Anpassungsdruck auf das Gehirn wird immer größer. Es hat drei Möglichkeiten, zu reagieren: Erstens diephysiologische Anpassung: sie dauert mehrere hundert Jahre. Zweitens eine Verhaltensänderung im Sinne eines kontrollierten Medienkonsums. Sie müsste durch uns selbst initiiert werden. Und ist schwierig, weil wir an der „Dopaminnadel" hängen. Weg drei ist leider die Erkrankung. Depression, Angst, aber auch Missbrauch von z. B. Alkohol zum Stressabbau.

Jede Zeit hat ihre Erkrankungen und Probleme. Sie sind ein Preis des Fortschritts. Wir können gegensteuern, indem wir die eigene innere Welt gegenüber der äußeren stärken. Dies kann durch Ausbau unserer aktiven Kreativität, zum Beispiel beim Singen, Musizieren, Tanzen, Malen geschehen. Oder durch tägliche emotionale Reinigung, u. a. durch Meditation und Verarbeitung von Belastungen.

Besonders wichtig und um den Preis unseres Wohlbefindens nötig ist die reale Gemeinschaft mit anderen Menschen. Augenkontakt bringt den Entspannungsboten Oxytozin ebenso wie Körperkontakt. Positive soziale Emotionen wie Vertrauen, Hilfsbereitschaft o.ä. haben den besten Einfluss auf Wohlbefinden und Gesundheit.

»Menschen brauchen den realen Kontakt mit Menschen, um emotional nicht zu verarmen.«

Die Psychologin Jaen Twenge macht mit ihren Studien darauf aufmerksam, dass Jugendliche seit 2011, also mit dem Erstarken der Smartphones, depressiver, einsamer und unglücklicher sind. Gleiches sieht man ja in den Statistiken Erwachsener. Einer der Gründe ist, das wir mehr Zeit mit Technik, also Computer, Handy, Laptop verbringen, als mit Menschen.

Mit dem Aufkommen des Telefons z. B. haben wir zwar mehr telefoniert, unsere Freunde aber trotzdem getroffen. Zudem findet Telefonieren in Echtzeit statt. Wir bekommen sofort eine Reaktion. Anders als in den neuen Netzen und Medien. Die sozialen Medien sind eine Art Pflichtprogramm geworden. Wir meinen, irgendwie dabei sein zu müssen, doch der Druck, ständig geliked zu werden, verdirbt das Selbstbewusstsein. Weil das Leben nicht gezeigt wird, wie es eben ist, sondern so, dass es möglichst viele Likes bekommt und dem ständigen öffentlichen Vergleich mit anderen standhält. Das eigene Glück von den Bewertungen anderer abhängig zu machen, ist analog schon keine gute Idee und die Parallelität der Online-Medien verschärft das Problem.

Nun werden Sie sagen, das sei doch ein guter Grund, gegen die digitale Welt zu sein. Nein, ist es nicht. Denn wir gestalten genau diese Welt doch mit. „Die Welt" – das sind wir. Wir entscheiden, ob wir uns zu Hause gleich wieder an das Tablet setzen oder den Fernseher anschalten, oder wie oft wir auf das Handy schauen. Wir entscheiden, ob wir während der Arbeit am PC r Pausen machen und wie wir sie gestalten. Viel zu oft fallen sie doch aus oder werden mit privaten Mails gefüllt.

Eine Beschränkung der Smartphonezeit für Jugendliche und Erwachsene auf maximal 2 Stunden am Tag hält die Forschung für sinnvoll. Es sollte weit weg vom Schlafzimmer liegen und wir sollten eine Stunde vor dem Schlafengehen in keinen Medien mehr unterwegs sein.

Flexibilität trainieren, um Veränderungen zu meistern

Wir verlieren sie immer mehr, je länger wir auf die gleiche Art und Weise leben, arbeiten, in den Urlaub fahren, essen... Eingeschliffene Routinen hindern uns daran, etwas anders zu tun. Trainieren Sie Ihre Flexibilität jeden Tag ein bisschen, dann können Sie mit Veränderungen sehr viel besser umgehen. Dies sind Ideen:

Fahren Sie einen anderen Weg zur Arbeit.

Essen Sie mit der anderen Hand.

Tragen Sie die Uhr am anderen Arm.

Telefonieren Sie mit dem anderen Ohr.

Sagen Sie ja, wo Sie sonst nein sagen und umgekehrt.

Sprechen Sie jemanden an, den Sie nicht kennen und der anders ist als Sie.

Essen Sie Neues.

Tun Sie etwas, was Sie bei anderen ablehnen (laut lachen, zu kurze Röcke tragen ...).

Machen Sie eine Woche lang jeden Tag 10 Minuten etwas, das Sie noch nie getan haben.

Zehn Minuten etwas tun, was ich noch nie getan habe? Das ist gar nicht so einfach, wie es klingt. Zumindest war es das nicht für mich. Meine Inspiration war das Hörbuch von Chiara Gamberale „Das 10 Minuten Projekt". Die Heldin versuchte sich damit nach einer Trennung zurück ins Leben zu holen. Krisen entstehen oft dadurch, dass wir in unseren Gewohnheiten und Routinen erschüttert sind. Und so schnell keine Alternativen haben. Deshalb gilt es, Flexibilität zu üben. Es gibt niemals nur eine Lösung, einen Weg zum Ziel. Je klarer uns das ist, umso leichter kommen wir in dieser Welt der Veränderungen klar.

Zurück zu mir. Natürlich kann ich mir die Fingernägel grün lackieren oder im Restaurant beim Frühstück mal die Füße auf den Nachbarstuhl legen. Mir sind bei dieser Übung schnell die Ideen ausgegangen. Das hat mich nachdenklich gemacht, wie eingefahren meine Gewohnheiten sind. Denn auf diese Weise erleben wir nichts Neues. Meine Lieblingsidee war, im Frühstückslokal am Bahnhof Hannover das Geschirr auf allen Tischen abzuräumen. Nicht nur an meinem Tisch. Komisch? Nicht nötig? Vielleicht. Vielleicht habe ich auch nur mir und anderen Menschen etwas Gutes getan. Spaß hatte ich auf alle Fälle.

Probieren Sie außerdem einmal Intervalltraining. Unser Körper muss lernen, sich schnell zu erholen. Ich mag das Tabata-Training. 4 Minuten lang wechseln Sie 20 Sekunden Belastung mit 10 Sekunden Erholung. Also z. B. auf der Stelle laufen, Treppen schnell steigen, Springseil springen, dann Pause.

Aufregung für unseren Körper und Geist liefert unser Leben genug. Nur zu wenig Erholung. Ein ähnlich gutes Training für den Körper sind Wechselduschen.

Mein Computer arbeitet für mich – ich habe Zeit für Menschen

Die große Chance der Digitalisierung ist, dass sie uns Zeit für Menschliches verschafft und uns daran erinnert, wie wichtig es ist. Was ich damit meine: die frei werdende Zeit für mehr Zwischenmenschliches zu nutzen. Kontakte persönlich pflegen, gemeinsam Neues entwickeln, uns in Teams und Familien helfen und das Zusammensein genießen. Wenn uns Routinen zu Hause und bei der Arbeit abgenommen werden und wir die frei werdende Zeit nicht mit digitalen Ablenkungen vollstopfen, haben wir Zeit für uns und andere Menschen.

Wenn Sie etwas stört, nervt, enttäuscht im Zuge der Digitalisierung, dann suchen Sie nach Menschen, die Ihnen etwas erklären, abnehmen, eine andere Perspektive haben. Und umgekehrt. Halten Sie die Augen auf, wem und wo Sie etwas reales Gutes tun können. Kooperation ist etwas, was uns Menschen zu Menschen macht. Genauso wie die Möglichkeit zur Reflexion. Nicht, indem gemeinsam geklagt wird. Sondern indem wir schauen, was wir selbst lernen und besser machen können. Probieren Sie Neues gemeinsam aus. Entweder mit gleichaltrigen Kunden, weil man dann eine Sprache spricht. Oder mit jungen Kollegen, weil wir von ihrer Leichtigkeit, mit der Sie sich in der digitalen Welt bewegen, profitieren und sie bei anderer Gelegenheit von unserem Erfahrungsreichtum, zum Beispiel im Umgang mit Liebeskummer. Das ist nicht zu vergleichen? Oh doch. Es ist nur gut, dass wir so verschieden sind. Würden wir das (negative) Bewerten lassen, könnten wir gerade die unterschiedlichen Erfahrungen in dieser neuen Welt wunderbar nutzen.

»Es kann nur dann ein Lächeln aus dem Spiegel schauen wenn auch eines hineinschaut.«

Neues einzuführen heißt nicht, dass das Alte schlecht war. Ich glaube, wir verteidigen unsere bisherige Art zu leben auch deshalb so sehr, weil wir im Rückblick nicht denken wollen, wir hätten falsch gelebt oder all das Bisherige sei weniger wert. Das war es nicht. Zu einer anderen Zeit hat es perfekt gepasst. Doch nun wird, was uns erfolgreich bis hierher, wo wir in unserem Leben heute stehen, gebracht hat, uns nicht mehr weiter bringen. Kein Problem.

Schon immer haben wir Menschen behauptet, es sei früher besser gewesen und das Neue und Unbekannte gern beklagt. Mehr Zeit für Menschliches heißt, sich daran zu erinnern, welche besonderen Fähigkeiten wir Menschen haben, die nie verloren gehen. Emotionalität, Sozialkompetenz, Voraussicht... Nutzen wir dieses alte Wissen in der neuen Welt. Und es wird eine gute digitale Welt daraus.

Den Faktor Mensch habe ich während meiner oft zu kritisch betrachteten Digitalisierungsprojekte als wohltuend und überraschend positiv wahrgenommen. Ich hatte mit meiner Agentur Partner an meiner Seite, die sich für mich und meine Arbeit wirklich interessiert haben. Die an mich gedacht haben, wenn sie irgendwo eine interessante Studie zu meinen Themen gesehen oder Beiträge von mir Probe gelesen hatten. Die stets ein offenes Ohr für meine Überlegungen haben. Auch wenn ich genörgelt und gezweifelt habe. Wir hatten einen freundschaftlichen Kontakt, auch wenn wir gerade nicht zusammengearbeitet haben. Wir haben für Wohlfühlfaktoren wie schöne Orte, gutes Essen und Komfort für unsere Treffen gesorgt. Kurzum – der Faktor Mensch hat mich immer dafür entschädigt, wenn ich etwas in Sachen digitale Welt nicht verstanden habe oder etwas nicht so geklappt hatte, wie erhofft. Danke an Antje und Dirk dafür.

»Der Mensch war und ist anpassungsfähig und lernfähig. Also, auf geht es.«

Positive digitale Erfahrungen machen Mut

Ich habe für Sie Tipps meiner Leser, Hörer und Klienten gesammelt, die ihnen bei der Arbeit mit sich und dem positiven Blick auf die digitale Welt helfen:

Lesen Sie aus positiven Büchern zu Teammeetings vor.

Lesen Sie aus positiven Büchern während der Autofahrt vor.

Lassen Sie eine Eieruhr bei Besprechungen laufen, so dass nur drei Minuten geklagt wird.

Zahlen Sie in ein Sparschwein für einen Verein 2 Euro für jeden negativen Gedanken.

Veröffentlichen Sie Ihre Vorhaben im Intranet, die Verbindlichkeit ist größer.

Schlafen Sie über eine Entscheidung, wenn Sie sich geärgert haben.

Notieren Sie gute Erfahrungen und lesen Sie sie regelmäßig.

Fotografieren Sie schöne Erlebnisse, um sich selbst daran zu erinnern.

Senden Sie sich SMS mit guten Sprüchen und Gedanken.

Hängen Sie ein Bild auf, wie Sie wieder oder nie wieder sein wollen.

Nutzen Sie Online-Programme, die Ihnen täglich gute Nachrichten senden.

Stellen Sie alle Nachrichten ab, die automatisch auf das Handy geschickt werden.

Stellen Sie die negativen Eilmeldungen auf dem Handy aus.

Legen Sie Apps, die die Zahl von neuen SMS oder Mails anzeigen, auf die zweite Seite.

Wählen Sie schöne oder lustige Bilder als Bildschirmhintergrund.

Nehmen Sie Lachen von Kindern oder Enkeln auf und hören es sich an.

Nehmen Sie sich nach der Arbeit einige Minuten allein für sich.

Sorgen Sie für störungsfreie Zeiten und seien es nur 20 Minuten.

Werfen Sie Werbung im Briefkasten ungelesen in den Müll, das spart Zeit.

Legen Sie die Zeit für Online-Spiele und -Recherchen vorher fest.

»Vordenken ist besser als Nachdenken.«

Es ist vollbracht

Haben Sie erst einmal alles durchgeblättert oder haben Sie täglich 10 Minuten etwas gelesen und sind nun am Ende angekommen? Wie auch immer – ich sage: Herzlichen Glückwunsch. Alles beginnt mit einer Entscheidung. Sie haben sich für positives Denken, den besseren Umgang mit Stress und Glück in der digitalen Welt entschieden. Das ist das Wichtigste überhaupt. Sie hätten das Buch nicht gekauft, wenn Sie nicht ernste Absichten hätten. Schon, wenn Sie es nur auf dem Tisch liegen lassen, würde es, würde ich Sie daran erinnern. Was auch immer Sie tun, Hauptsache, Sie nehmen Ihr Wohlbefinden selbst in die Hand.

Wie kann es weiter gehen? Behalten Sie die Gewohnheit bei, jeden Tag 10 Minuten zu lesen oder zu überlegen. Das ist die Erinnerung an Ihre gute Absicht. Mit der Zeit verselbstständigt sich das Prinzip kleine Dosis – große Wirkung.

Tun Sie sich mit Gleichgesinnten zusammen und überlegen Sie neue Lösungen. Stecken Sie Kollegen, Geschäftspartner, Kunden, Freunde und Familie an. Führen Sie Tagebuch über das, was Ihnen begegnet oder machen Sie sich eine Notiz auf die Seite der Situation, in der Sie neues Verhalten geübt haben, das geklappt hat

Konzentrieren Sie sich auf das, was gelingt und kopieren Sie es für andere Situationen. Viele gute neue Erfahrungen verändern unser Gehirn. Bis es immer leichter wird, positiver zu denken.

Nie mehr gestresst zu sein oder sich nie mehr aufzuregen, wird es nicht geben. Doch einen neuen Umgang damit und da ist Übung wirklich der beste Meister. Fangen Sie an.

Alles Gute wünscht

Dr. Ilona Bürgel

»Gut ist gut genug.«

Bonus-Download

Warum Sie im Büro öfter mal barfuß laufen sollten?

7 Geheimtipps, wie Sie Ihr Wohlbefinden in der digitalen Welt sofort um 100 Prozent steigern finden Sie hier:

www.ilonabuergel.de/7-geheimtipps-negativen-digitalen-stress-abzubauen

So kann es weitergehen

Wenn Ihnen dieses Buch gefallen hat, dann interessieren Sie sich vielleicht auch für meine anderen Bücher zu dem Thema:

Positives Denken lernen ... in 10 Tagen
Wollen Sie einfach 10 Tage schnuppern, wie leicht positives Denken geht? Das ist Ihr Buch.

www.ilonabuergel.de/nehmen-sie-10-tage-lang-kurs-auf-positives-denken

Positives Denken lernen
Wie Sie mit nur 10 Minuten Aufwand täglich besser an sich selbst denken
–Grundlagenbuch–

www.ilonabuergel.de/positives-denken-lernen-damit-leistung-auch-gluecklich-macht

Positives Denken lernen üben
Die besten 100 Praxisideen zum Üben, mit gutem Gewissen an sich selbst zu denken
–Übungsbuch–

www.ilonabuergel.de/positives-denken-lernen-ueben

Positives Denken lernen
Wie Sie mit Stress besser umgehen und binnen 10 Minuten glücklicher sind
–Schwerpunkt Stressreduktion–

www.ilonabuergel.de/mit-stress-besser-umgehen-lernen-und-das-stresslevel-selbst-bestimmen

Über die Autorin

Diplom-Psychologin Dr. Ilona Bürgel zählt zu den führenden Vertretern der Positiven Psychologie im deutschsprachigen Raum. Wie ein roter Faden zieht sich die Einladung zu einem Perspektivwechsel durch ihre Arbeit – weg von der Fixierung auf äußere Bedingungen in unserer sich ständig ändernden Welt, hin zum guten Umgang mit sich selbst. Die gefragte Referentin und Buchautorin zeigt ganz praktische Wege, wie es auf Dauer möglich ist, Leistung und Wohlbefinden miteinander zu verbinden. Nach 15 Jahren in Führungspositionen der freien Wirtschaft ist sie heute erfolgreiche Referentin, Autorin und Kolumnistin. Sie wurde vom Ministerium für Wirtschaft und Energie als Vorbildunternehmerin ausgezeichnet. Dr. Ilona Bürgel liebt Schokolade und Musik.

Weitere Bücher von Dr. Ilona Bürgel

Literaturliste

Bakker, Arnold B.; Euwema, Martin C.; van Emmerik, Hetty: Crossover of Burnout and Engagement in Work Teams. In: Work and Occupations 33, Nr. 4, 2006, Sage Publications, S. 464-489, http://wox.sagepub.com

Diener Edward: The science of happiness, by Mike Rudin, Series producer, The Happiness Formula www.bbc.co.uk, 2006, April, 30th

Fredrickson, Barbara L.: Die Macht der guten Gefühle. Wie eine positive Haltung Ihr Leben dauerhaft verändert, Campus Verlag Frankfurt/New York 2011

Lyubomirsky, King and Diener: The benefits of frequent positive affects; Does happiness lead to success? American Psychology Ass. Psychological Bulletin, 2005 Vol 131 No 803-855

Lyubomirsky, Sonja: The Myths of Happiness: What Should Make You Happy, but Doesn't, What Shouldn't Make You Happy, but Does, 2014, Penguin

Lykken, Daivd und Tellegen, Auke: Happiness is a Stochastic Phenomenon, in: Psychological Science, Vol. 7, 1996

Rath, Tom und Donald O. Clifton: Wie voll ist Ihr Eimer? Positive Strategien für Beruf und Alltag, WILEY-VCH Verlag, Weinheim 2012

Seligmann, Martin und Schuhmacher, Stephan: Flourish – Wie Menschen aufblühen. Die Positive Psychologie des gelingenden Lebens, Kösel-Verlag, München 2012

„Schlauer als der Mensch?" Markus Gabriel, FAZ am Sonntag, 20.5.2018

„Smartphones nicht mit ins Bett nehmen", Interview von Denise Peikert mit Jean Twenge, Frankfurter Allgemeine Sonntagszeitung, 20.5.2018

http://www.faz.net/aktuell/gesellschaft/gesundheit/alexander-markowetz-ueber-buch-digitaler-burnout-13825699.html („Es ist wie bei einer Sucht" von Lucia Schmidt)

https://www.focus.de/gesundheit/experten/buergel/die-wahrheit-ueber-stress-teil-1-stress-das-wilde-kopfkino_id_4599824.html

Ist die E-Mail tot? Das Büro, 02/18, S. 20-21

Licht und Schatten. Wie sich deutsche Büroangestellte beurteilen. Das Büro , 02/18, S. 30-21

Liebermeister, Barbara: Digital ist egal, Gabal Verlag Offenbach, 2017

Frankfurter Allgemeine Quarterly, Ausgabe 7

Wrike Digital Work Report 2018 in Das Büro 02/18

9th European Conference on Positive Psychology, Budapest, Ungarn, 27-30. Juni 2018a

»So wie wir heute denken, werden wir morgen leben.«

Hier können Sie mit mir in Kontakt bleiben

YouTube
www.youtube.com/user/ilonabuergel

Xing
www.xing.com/profile/Ilona_Buergel

Linkedin
www.linkedin.com/in/ilona-bürgel-b45232107

Facebook
www.facebook.com/ilonabuergel

Web
www.ilonabuergel.de